鎮守の森の物語

もうひとつの都市の緑

上田　篤

思文閣出版

鎮守の森の物語――もうひとつの都市の緑――※目　次

鎮守の森の物語——もうひとつの都市の緑

はじめに——鎮守の森って何だろう?

森を見たことがありますか?

あなたが道を歩いているとき、あるいは自動車や、電車や、新幹線に乗って車窓から外を眺めたときなど、ふと田園のなかに、あるいは町のなかに「ブロッコリーのようにもりもりと盛り上がった樹林」を見た記憶がありませんか。

とくに注意していないと思いだせないかもしれないけれど、いわれてみると、そういう経験をわたしたちは日常茶飯にしているものです。そして、それらの「盛り上がった樹林」のほとんどが、たとえ小さい木立であっても森といっていいのです。

それは、大きくても公園とは違います。公園は、たいてい、花壇やブランコや運動場などをもった「木がパラパラと生えている樹林」にすぎません。

もうひとつ、地方公共団体などがつくっている「○○の森」などというのも、名前は「森」ですが、

森を見たことがありますか？
（熱海市来宮神社）

来てみると、そのほとんどが駐車場があって、舗装がしてあって、公衆便所があって、芝生があって、コンクリートの池があって、噴水があって、無料休憩所があって、県の物産販売所などがあって、それらの周りに樹木がパラパラと生えているこれも「一種の公園」に過ぎません。

また森は林とも違います。林はブロッコリーではなく、たいてい「穂先が揃ったカイワレ大根」です。穂先が揃うのもどおり、松林とか杉林などというように、同じ種類の木で構成されていることが多いからです。

さらに森は「里山の雑木林」とも違います。里山の雑木林にはいろいろの木がありますが、しかし、薪などにするためにしょっちゅう刈り込まれているので大木にならず、木々のあいだがスカスカです。だからそれも、ブロッコリーではなく、カイワレ大根なのです。

このように樹林を見たときに「カイワレ大根のようなもの」が公園や林だとしたら「ブロッコリーのようなもの」は森とかんがえていいでしょう。字を見ても、林にたいして森は木が一本多く、そして盛り上がっているのです。

では、なぜ林と森があるのかをかんがえてみましょう。

森と林はどう違うの？

たとえば、林は簡単にそのなかに入っていけそうにおもえます。しかし森は、一見、怖そうな感じがしませんか。何となく近寄りがたい印象を受けるでしょう。

というのも、林は一般に樹木と樹木とのあいだがスカスカに開いていていて明るい感じがするのに、森は、たいてい、高木や低木や下草などがいっぱい生えていて暗い感じがするからです。

それは日本だけでなく、外国でも同様です。英語でも、ウッドとフォレストは違います。ウッドは、ピーター・ラビットが遊ぶような優しい樹林、つまり林であるのにたいして、フォレストは、しばしば、魔女が出てくるような怖い森なのです。

そこは「恐い神さまがいるような世界」に見えるのです。

では「恐い神さま」とは何か、というと、ヨーロッパでは「魔女」などをかんがえましたが、日本では、本居宣長という国文学者が「人間に大きな利益をもたらすものと怖ろしいものはみんなカミだ」といいました。

そうすると、山川草木、鳥獣虫魚のすべてがカミガミとなる可能性をもっています。森のなかには、そういうカミガミが、いっぱいいらっしゃるのです。

なるほど、森と林は違うわけです。

森はどういうところにあるの？

そういう森は、だいたい山にあります。

日本の山は、その多くが深い森林に覆われています。これは日本の山の大きな特色で、たとえばヨーロッパの山の多くは、岩肌が露出していて、必ずしも森林に覆われているとはかぎりません。だから「日本の森はほとんど山にある」といっていいのに「ヨーロッパの森はたいてい平地にある」のです。

森は丘陵など小高いところにある
（京都・宇治田原町大道神社）

また、平地にある日本の数少ない森を見ても、それらは、少し小高いところにあります。たとえば、山麓や丘陵、台地や微高地などです。なぜかというと、そういうところは、地下水が発達していて良い水が出るからです。それが森にとって、とても大切なことなのです。

その水は山から来ます。日本の山は木が多いせいで、降った雨はあまり蒸発せず、山肌に長く滞留します。さらに時間がたつと、少しずつ地下に浸透し、地層のあいだを縫うようにして地下水脈をつくっていきます。地下水脈となった水は、場所によって違いますが、一般的にいって短いもので七、八年、長いもので三、四〇年、平均二〇年ぐらいかけて、山麓などの地層に流れこんでくるのです。その地層を基盤に、森が成育するのです。

　これにたいして、日本の大都市の市街地のほとんどを構成する、かつては海だった沖積層には、森はあまり発達しません。たとえば、名古屋市のど真ん中にある熱田神宮を取り囲んで大きな森があります。「平地によくこんな大きい森があるな」と誰でも感心します。ところがそこは、名古屋の人々もあまり気づかないぐらい、かすかに盛り上がった微高地なのです。周りより数メートルぐらい高いのです。というのも、その森のあるところは、昔、半島だったからです。だからそこには森があるのです。

　ところが、その森の周りは、昔はみな海でした。いまその海は市街地になっていますが、しかしそこには森はありません。また歴史的に見ても森は成育しませんでした。

　なぜかというと、そういうところの地下は、粘土層や砂礫層などが交互に混じって地下水脈が構成される地層ではなく、シルトや粘土などの細かい粒子がドロドロに溜まった排水不良層だからです。森の木々にも、やはり「生きた水」が必要なのでしょう。

　このように「水が森を育てる」とっていいのですが、そのことは、森のなかに、しばしば泉や、川や、沼や、池などの水面があることを見てもわかります。森は一般に「湿った樹林」なのです。

　これにたいして、林にはあまり水面というものがないのです。さらに、林間が開けているため日も風も入ってきて、地面が乾燥する一般に「乾いた樹林」といっていいのです。

森はどうして水が必要なの？

先ほども「森はもりもりと盛り上がっている」と述べましたが、森のなかには高木や低木があるだけでなく、亜高木も、下草も、さらにはシダ植物も、コケ類も、地衣類も、藻類も、菌類もあります。

こういうところが、一般に森と林の違う点ですが、問題は、このシダ植物以下の下等植物と呼ばれる、種子でなく胞子で増殖する隠花植物が乾燥したところでは育ちにくいことです。かれらには、湿潤さが欠かせないのです。そのためには森に水が必要なのです。森に水があると隠花植物が育ち、それをベースに、いろいろな植物が生育するのです。

森のなかにはシダ植物もコケ類も地衣類も藻類も菌類もある

さらに植物だけではありません。森に水があると、アミーバ、ゾウリムシなどの原生動物も生まれるのです。

そして、森にとって重要なことは、それら原生動物のなかのもっとも原始的な単細胞生物であるバクテリアを始めとする腐生生物が、落葉や動物の遺骸などの腐敗途上にある枯死体に付着してその養分を吸収することです。とどうじにミネラルなどに分解することです。すると、それらが再び植物に吸収され生物が再生されるのです。そして、次々に新しい生命が生まれていって森が育っていくのです。

また森に水があると、虫や、鳥や、獣などもいっぱいやってきます。それらの動物たちも、水や、また、こういういろいろな下等動植物を欲しているのです。

そして最後に、かれらもみな森に還ってきて死にます。鳥やイノシシはもちろん、かつてはサケやウナギなども、太平洋を一周してきて日本の森に還って死にました。しかし、日本の川にやたらとダムができたため、最近ではそういうこともできなくなり、その分、日本の森のエネルギーも衰えました。

ともあれ、このように水があることによって、森は「生命の再生工場」になるのです。

最後に、いうまでもなく人間もまた水を必要とします。

昔の人々は、こういう水の豊かの森の近くにムラをつくりました。日常の生活用水をうるのに便利なだけでなく、日照りのときにも枯れない水があるからです。飢饉のときにも、水のある森のなかには食べ物を見つけることができるからです。日本のムラが山麓に多いのもそのためです。

そこで日本人は、昔から、これらの森を「聖なる森」としてきたのです。

「聖なる森」とは？

その聖なる森が「鎮守の森」なのです。人々の生活を鎮め、そして守ってくれる森だからです。ですから、鎮守の森は「水源のある樹林」といっていいでしょう。

そこで、始めてわかってきます。ブロッコリーのような森を見つけたら、たいてい、その前に鳥居が建っていることが。日本の平地や山麓にある森は、ほとんど鎮守の森といっていいのです。

もちろん、鎮守の森以外の森もあります。しかし、目だって立派な森が見つかれば、それはたいてい鎮守の森なのです。みなムラの核となっていまに残っているのです。

そこで「森を見つけたい」とおもったら、村や町にいって、古くから住んでいる村や町の人々に「この村の、あるいは町の鎮守の森はどこにありますか?」と聞けばすぐにわかるでしょう。

鎮守の森へいく道は?

その鎮守の森には、どういったらいいのでしょうか?。

村、町、あるいは都市の市街地のなかから鎮守の森へいく目印になるものには、鳥居があります。昔は、たいてい街道に一の鳥居があって、そこから参道が始まり、鎮守の森まで導いてくれました。鎮守の森の多くは街道に直結していたのです。

しかし、いまは、たいてい鎮守の森の入口まで公共の道路がきていて、昔の街道から続く参道はなくなってしまったところが多いのです。旧参道を一般道路に転用したり、幼稚園の土地などに使ったりしているのです。

なかには参道が部分的に残っているところもあります。そのばあい、たいてい土地所有権は森の社にあるので「昔の参道空間を復元したい」「参道をよりよく利用できないか」などといったことが問題になっているのです。

なお、市街地のなかにある参道の多くは、並木を失ない、鳥居だけがポツンと建っていますが、どこかにたとえ樹木の一本でも植えて、森にゆく「道標」であることをしめして欲しいものです。

森の入口まで道路が来て参道がなくなった

鎮守の森のなかにも参道があるのでは?

鎮守の森のなかにも参道があります。いまは「鎮守の森のなかにしか参道が見られない」といってもいいぐらいです。

その参道の両側には、たいてい、生い茂った木々や、手水舎の水を流す溝があり、ほかに古井戸、池、川、橋、庭園、燈籠、巨石、小さい祠、銅像、子供の遊び場、大人の休憩所、集会場、ゲートボール場、ときには茶店まであったりします。

ここで問題は駐車場です。駐車場は車を停めて森にはいっていくために必要なものですが、しかし、一方では、参道の雰囲気を壊す大きな原因になっています。

そこで、駐車場の仕切線上に樹木を植えているところがあります。それだと、参道の雰囲気をあまり壊さず、また車の通行の障害にならず、夏には緑陰となって喜ばれます。いわば「緑陰駐車場」といっていいでしょう。こういう試みは、これからもどんどん拡がって欲しいものです。

さて参道は、昔ほどの厳粛さはなくなったかもしれませんが、それでもしばしば「緑のトンネル」である参道を歩いていると、しだいに心が洗われていく気分になるものです。

参道には手水舎の水が流れる溝がある（京都市太田神社）

木立ちの中に駐車場がある（京都市藤森神社）

つまり参道は「俗なる世界」から「聖なる世界」へとわたしたちを導いてくれる「道行《みちゆき》」なのです。

実際、樹木に覆われた暗い参道を歩いていく向こうに、ポッと明るい空間や社殿が見えると、ほっとするではありませんか。

参道の終点は？

参道の終点は、そのポッと明るく開けたところです。森のなかに、突如、広場が出現するのです。そういう優れた演出空間をもった鎮守の森を、多く見かけます。

実際、鎮守の森を社《やしろ》つまり建築ではなく、森つまり空間と見たときには、参道はたいへん重要な意味

参道を歩くと心が洗われる
（宮崎・南郷町榎原神社）

参道の向こうにポッと明るい空間が見える　（福井・美浜町佐柿日吉神社）

をもってきます。そこがいわば「自然をテーマにした演劇空間」になるからです。

たとえば、里から山に上がっていく古い参道には、道の折れ曲がりや樹木の佇まいなどにしばしば面白い変化が見られます。さらに、山から海に下っていく参道や、海から船でアプローチする「参道」などもあり、その「巧まざる神さまの演出」にこころを打たれます。

さてその参道の終点の広場には、手を洗う「手水舎《てみずや》」があります。そこが参道の終り、そして新しい世界の始まり、とかんがえていいところです。なぜなら、そこまでは「人間の領域」ですが、そこから先は、手水舎の水で心身の穢《けが》れを清めてはいっていく「神さまの世界」だからです。

手水舎から「神の世界」が始まる

手水舎の水は、昔はみな湧き水、引き水、井戸水などを使いました。いまでもそういう自然の水を使っているところでは、しばしば、近在の人々がその水をもらいにきます。
しかし、いま多くの手水舎の水は水道水になってしまいました。自然の水が出なくなったからです。その原因は、たいてい上流の河川改修か、周辺に建ったビルなどの地下構造物が地下水脈を断ち切ったことによるものです。
それは鎮守の森にとっての大きな問題のひとつです。そこでそういう鎮守の森では、もう一度井戸を掘っていい水を得て、森にくる人々に嗽《うがい》をしてもらい、喉をうるおして喜ばれ、ときにはペットボトルに入れてもって帰ってもらいたいものです。その水は「森の命」だからです。「神の水」といっていいものなのです。

なお手水舎の前あたりは、ふつう「小さい広場」になっていて、周りには社務所のほか、物忌《ものい》みをする斎館《さいかん》、お祭りのときに芸能を演ずる神楽殿《かぐらでん》、宝物などをいれる神庫《しんこ》などの建物があります。それらは「聖なる世界」を維持するうえで必要な施設なのです。

ただし、もともと「森のなかの小さい広場」だったはずの平地がだんだん大きくなって、それを取り囲む森が、逆にパラパラと木が生えるていどの並木になってしまっているケースが増えていますが、鎮守の森を「森」とかんがえたときには、こういう傾向は問題といえましょう

神さまはどこにいらっしゃるの？

鎮守の森の神さまは、その手水舎のさらに奥のほうにいらっしゃいます。あるいは「神さまが出現なさる場所はその奥にある」といったほうがいいかもしれません。

通常は、この手水舎前の広場の奥に、またもうひとつ「広場」があります。もっとも、手水舎前の広場と一体になって両者の区別のないものもありますが、たいていの鎮守の森では、土地を一段高くしたり、あるいは垣や回廊などを巡らしたりして、なかにもうひとつの広場（斎庭《いみにわ》）があるものです。

神殿のある広場は垣で囲まれ、一段高くなる　（手前は手水舎のある広場）

この広場を囲む土地の高みや垣などは、大切な意味をもっています。魑《ち》魅《み》魍魎《もうりょう》の徘徊する森の世界にあって、害獣の跳梁を避けるために必要なものだからです。

また、この広場にはよく白い玉砂利が敷かれますが、これも害虫除けという意味をもっています。保護色の世界に身を置きたがる害虫の性向を逆手にとったもので、白い世界は清浄な空間を確保するために必要のものです。

そこに人々がお参りする拝殿があります。ほかに、お供え物を置く幣殿などがあります。さらにその奥に神殿があります。

ふつう、これを本殿などといったりします。けれどそれは、お祭りのときに神さまが現れるところです。また、もともとご神体とされた森の一部が建物になったもので、建物になってもご神体なはずですから、これを「神殿とよぶのがよい」とかんがえます。ふだんでも、そのなかに御霊代《みたましろ》と呼ばれるご神体が置かれているケースもあります。

またなかには神殿がなく、いまでも背後の山などを「神殿」としている奈良県桜井市の大神神社のようなところもあります。そのほうが、じつは本来のヤシロの姿形といっていいでしょう。

なお、いまいった理由から、ふつうこの神殿には一般の人は立入れません。

神殿の前で何を拝むのか

さて、人々は神殿の前に額《ぬか》ずいて、いったい何を拝むのでしょう。

神殿のなかによくあるのは鏡ですが、鏡はその機能どおり反射するものです。そこから、神さまがやってこられるときの依代《よりしろ》、つまり目印とされているものであって、拝むべき直接の対象ではありません。

さらに、神社によってはいろいろのご神体もありますが、それらは、たいてい秘匿されていて、拝まれるようにはなっていません。

では何を拝むのかというと、拝む人々にとってはっきりわかることは、神殿の奥に、たいてい森が見えることです。あるいは、その名残りの大きな樹木やご神木を見かけることです。じつは、それが拝むべきものといっていいのです。

神殿の奥には森がある(京都市日向神社)

古い昔には、ヤシロに神殿はなく「森そのものに、あるいは森のシンボルとしての木や岩などに神さまが現れる」とかんがえられ、森や木や岩がご神体とされました。

ところが奈良時代ごろから国家の体制が整備される

にしたがい、さらに仏教などの豪華な建築の影響などもあって、森のなかに積極的に神殿がつくられるようになりました。

たとえば近くでは大正二年（一九一三）に、奈良県天理市の石上《いそのかみ》神宮で、それまで森のなかにあったイワクラ、つまり「聖なる岩」に変えて立派な神殿がつくられました。だから、いま石上神宮にある神殿は、かつてのイワクラ、あるいは森なのです。そしてそれは石上神宮にかぎらず、どこの鎮守の森にでもいえることなのです。

そこで「神さまがやってこられる森」はどこでも「神体林」とかんがえられ、濫りに人々が立ち入らない「入らずの森」とされていました。しかし、いまではそういうことが忘れられてしまったので、やむをえず「入らずの森」と称し「禁足地」という標識などを立てて、人々の立ち入りを制限するようになっています。

「神体林」とそうでない森との植生は違うのか？

もともと「神体林」とそうでない森との木の種類などは、一緒だったとおもわれます。

というのも、たいていのばあい「神体林」は、いまよりずっと大きかったからです。

しかし、いろいろな事情によって「神体林」が縮小し、参道の両側や広場の周囲などのように人々が自由に立ちいれるようになったところでは、植栽がほどこされたり、いろいろな施設が加わったりして、人工的に変貌したケースが多く、その後の植生が変わったことが予想されるのです。

それにたいして、神殿の奥の森、つまり「神体林」などは、昔ながらの植生が保たれているケースが少なくないので、植物生態学的に見てたいへん貴重なものです。

そのほか「神体林」の周囲や奥にある樹林も、しばしば薪炭林、用材林、果樹林などに植えかえられ「神体林」の縮小の原因になっています。

入らずの森の木は冬でも青々としている

「神体林」にはどんな木があるの

ヤブツバキの葉っぱを想像してください。葉っぱは大きくて、厚ぼったくて堅いでしょう。こういう葉っぱの木は、冬になっても青々としています。逆にいえば、寒い冬にも葉っぱが枯れないように、葉っぱは自分自身を厚ぼったく堅くした、といえるでしょう。

これらの木は、落葉樹や針葉樹ではなく常緑広葉樹ですが、日本、とりわけ西日本にあるそれは、葉っぱの表面がテカテカと光っているのでとくに「照葉樹」といいます。昔から日本に多かった植生です。寒い冬にも枯れないので、針葉樹とどうよう、その多くが「聖樹」として尊ばれてきました。西日本にある鎮守の森などは、たいていこの照葉樹でした。

こういった木は、ヤブツバキのほかに、ツバキ科のサカキ、モッコク、ヒサカキ、ブナ科のウバメガシ、イチイガシ、アカガシ、アラカシ、スダジイ、マテバシイ、クスノキ科のクスノキ、タブノキ、ヤブニッケイなどがあります。亜熱帯から暖帯にかけて多い樹木です。

しかし、薪炭や建築用材などを確保するために、第二次大戦後、とくに昭和四〇年ごろから、日本の山々にスギやヒノキなどが多く植えられるようになって、いまでは照葉樹は、鎮守の森以外には非常に少なくなりました。ですから、いまとなっては「神体林」の木は大切なものとなっているのです。

なお、暖温帯の照葉樹が育たない東日本では、多くスギやヒノキなどが聖樹としてもちいられています。

ほかにどんな動物や植物が存在するのだろう?

いままで述べたように、森には、高木も、亜高木も、低木も、草も、シダも、コケも、菌類などもいっぱい生息しています。鎮守の森に入ってみるとわかることですが、鳥もたくさん鳴いています。

ここで「鳥がいる」ということは「虫がいる」ということです。鳥は、ただ鳴くためだけに森にやってきているのではありません。虫がいるからやってくるのです。その虫がいるのは、草やコケがあるからです。

その虫を狙うのは鳥だけではありません。たとえば、セミを狙ってネズミがきます。ネズミを狙ってイタチがきます。イタチを狙ってヘビがきます。ヘビを狙ってタカがきます。夜になると、今度は逆に、ヘビは鳥の巣を狙います。

木々たちは太陽の光を浴びることを競う

動物だけでなく植物もそうです。木々たちも、太陽の光を浴びることを競っています。一本の木が倒れると、沢山の木が、その後釜を狙って一斉に競争を始めます。

森は、こういう激しい生存競争の世界です。

そういうなかで、その土地と環境に適合した植物などが大きく枝を拡げます。これを「優占種」といいますが、競争が激しいだけに優占種もうかうかしていられず、いつも精一杯頑張って生きていなければなりません。

だから、一般に、森は遠くから見ても黒々としています。あるいは艶々としています。ときに金色に光っています。競争しているから元気がいいのです。

そうして、森の植物や動物は、先にも述べたように死んだらみんな森の土に還ります。落葉や動物の死骸を、バクテリアなどがミネラルなどに分解して土にしてしまうのです。その森の土が、また新たな植物を育てるのです。そして、植物が動物を育てるのです。

長い目で見ると、こうして森全体が生きあっています。森は自分で生きる力をもっているのです。とどうじに、森そのものが「生きもの」といっていいでしょう。つまり自然ということです。だから、林は人工的につくることができても、森は、人工的につくることはなかなかできないのです。

森と公園や林との決定的な違いは？

そうすると、森と、公園や林との決定的な違いがわかってくるでしょう。

先にも述べたように、公園や林は、動植物の数が少ない「モノカルチャー的世界」であるのにたいして、森は動植物の数が非常に多い「マルチカルチャー的世界」なのです。

その結果、たとえば公園は、公園自身で生きていくことができないのです。見かけの上ではたとえ草木の種類が多くても、たいていその土地への適合性を無視して植えられているので、人間の手で管理されなければならないのです。そうすると、植物のお互いどうしの関係というものは希薄になってきます。別々に分けて管理される「人工社会」あるいは「植民地社会」になってしまうのです。

さらに林は、たいてい優占種の樹木によって、あるいはほかの樹木が弱いためにある特定の樹木によってほとんど独占されていますから、これまたあまり競争が起きません。優占種○○による「○○帝国」をつくってしまうことが多いのです。いわば「帝国主義社会」です。松林や杉林、クヌギ林などがその例です。

ただ、雑木林といわれるものは森に近い、といえるかもしれません。だが、たいてい樹間がスカスカで、あとで述べるマント群落やソデ群落もなく、日も風も射しこみ、水面もなく、一般に地面が乾燥していて、森のように「生命の再生工場」にはなりにくいのです。ただいろいろな樹が生えているから面白く、また見た目には美しいかもしれませんが生命力の乏しい樹林なのです。強い台風などでは倒れてしまいます。語弊があるかもしれませんが「ひ弱な民主主義社会」といえるかもしれません。

これにたいして森は「マルチカルチャー的な世界」であるために、いま述べたような過酷な生存競争の世界が展開するのです。それは「戦国社会」あるいは、優占種の樹木が支配していても内部は不穏な緊張に満ちた「下剋上社会」といえるでしょう。

「戦国社会」や「下剋上社会」では何が起きるの？

そのせいかどうか、森のなかでは、不思議な現象がいろいろ見られます。

まず、超高木、巨木、長生木などといったものをよく見かけます。その形も、枝が横に張りだしたり、片一方だけに集中したり、根っこも盛り上がったり、大きな洞ができたり、コブでふくれあがったりい

木の形もいろいろ変化がある

ろいろの変化があります。コブができるのは幹や茎のなかに昆虫が入ったりするからです。

さらに、ひとつの樹にいろんな樹が寄生する寄生木《やどりぎ》なども多く、またひとつの木の枝が他の木の枝とあい連なって、木目の合い通じる連理《れんり》といった現象なども見られます。自然の織りなす不思議な生命現象で、昔の人々はそれを瑞兆と見たり、神木としたりしました。

このように、生存競争の激しい森のなかで、多数の動植物たちが生きあって生ずるさまざまな現象、ときに不思議な、ときに面白い、ときに恐ろしい、ときに美しい姿などを見て、昔の人々は森のなかにカミガミがいるとかんがえました。

立派な社殿に祀られているのは有名な神さま方ですが、森にはそのほかに「無名のカミガミがいっぱいいるのだ」と昔の人々はおもったのです。

カミガミはどこに祭られているの？

それらのカミガミは、現在では、森のなかに具体的に祭られるケースがだんだん少なくなってきました。しかし、民話や伝承の世界では数多く生きています。

それでも、実際の森のなかに、なおヒモロギのような「聖なる木」として、あるいはイワクラのような「聖なる岩」として残されているケースがあります。狐塚などのように、塚などになっているものもあります。

キツネといえば、昔、キツネは人間と親しい動物でした。たとえば、青森県車力村の海に近い高山稲荷では、キツネが神社の鳥居の上で「コーン、コーン」と鳴くと「明日は大漁だ」とみんな喜びあいました。お供物をキツネが食べ残した痕を見て、吉凶を占いました。

森のなかには霊跡がいっぱい（福井・美浜町丹生）

もちろん、カミガミは動物にかぎりません。無名の人間を始め、太陽、月、火や水といった自然現象なども含めて、山川草木、鳥獣虫魚のうち「偉大なもの」をカミガミとして祭ってきました。それらは、たいてい本社ではなく、摂社、末社、あるいは霊跡などとして、小さな社殿や祠、石や木や池などに祭られたのです。

なお霊跡とは、かつてカミガミが出現した、とかんがえられるところです。それらはいまでも、森のなかのあちこちに見ることができます。

なかには、それらの摂社、末社、霊跡などを参る巡拝路を設けている社もあります。伊勢神宮でも、正宮二社、別宮一四社のほかに、一〇九社の摂社、末社、霊跡（所管社）があるのです。

わたしたちも霊跡を訪れていいの？

霊跡は誰でも参ることができます。

江戸時代の「お伊勢参り」は、これら合計一二五社を参ることをいいました。それにはこの伊勢だけでも一ヶ月ぐらいかかったそうです。そこには、山や、滝や、泉や、川や、石や、木や、風などのカミガミが祭られています。いまわたしたちは、内宮と外宮の正宮二社を参って「伊勢に参ってきた」といっていますが、これでは伊勢の森のカミガミを参ったことにはならないでしょう。

また、森のなかで「自分の神さま」を発見することも大切です。

森のなかを歩いていて、日頃の世界にはない静けさ、日の光、木々を渡る風の音、鳥のさえずり、小さな草花、不思議な形をした樹木、タヌキの足跡、川のせせらぎ、美しい木立、轟く滝の音といった発見のなかに、ふと心を通わせるものがあれば、それはあなたが見つけたカミサマなのです。

石ばしる垂水《たるみ》の上のさ蕨《わらび》の　萌え出づる春になりにけるかも（一四一八）

と、万葉の歌人・志貴皇子《しきのおうじ》は歌いましたが、小川の側でふと見つけたワラビの芽に、かれは「春の神」

を発見したのです。そして心を癒されたのでした。

また、芭蕉は、

あらたうと　青葉若葉の　日の光
閑《しずか》さや　岩にしみ入る　蟬の声

などという句をつくりましたが、これらの「日の光」や「岩」も、森のなかで芭蕉が見つけたカミガミといえるでしょう。

森のなかは、そういうカミガミで満ち溢れた世界なのです。


そういう神さまはどういうことをなさったの？


まず、森のカミガミは、人間にたいして水を供給します。手水舎の水がそれに代表されます。さらに田んぼに山の水を送り、海にサカナやプランクトンの栄養になる水を流します。

また森は、沖ゆく漁民にたいして、魚場を知らせたり、危険な暗礁を教えたりする目印になります。それをヤマといい、そういう行為をヤマミ、ヤマダテ、ヤマアテなどといって、昔から日本の漁民に欠かせないものでした。

また、森の主祭神の神さまは、すでに森のカミガミの居られたところへ、後になってこられたケースが少なくありませんが、なかに、地域の開発に貢献したカミガミがいらっしゃいます。

たとえば、京都府亀岡市に鍬山《くわやま》神社という社があります。ここに面白い伝承が残されています。大昔、亀岡が湖だったころ、出雲の神さまがたくさんやってきて、湖に舟を浮かべて水の底を覗きながら「この下には沃野がある」といいました。そして、現在の「保津川下り」の出発点である請田《うけた》というところへいって、そこの土を取り除きました。すると、湖の水が一挙に外に流れ出て、その跡に沃野が生まれたのです。そのとき「神さまたちの鍬を集めたら山のようになったので、その後に鍬山神社ができた」ということです。

じつは、こういう土地の開発譚は、あちこちの神社にあるのです。有名なものは、兵庫県出石《いずし》町の出石神社、奈良県桜井市の大神《おおみわ》神社などです。

これらは、鎮守の森がかつて国土開発に深く関わり、その結果、人々に大いに感謝されて祭られたことをしめすものです。

つまり、鎮守の森が国土開発のモニュメントになっているのです。

神さまのお仕事に感謝の気持ちを捧げているか？

じつはそれが祭なのです。神さまをお招きして、おもてなしをすることが祭だからです。鎮守の森でいちばん大切のことなのです。

そのとき神職さんたちは、物忌みをして、つまり心身を清浄にして、穢《けが》れのないように神さまを迎えます。そして、神さまにお酒やご飯を供え、歌舞音曲を披露し、一般の人々も、そのお相伴に預かります。

そのように「神人共食」してともに楽しむと、人間も、日頃の憂《う》さを忘れて元気になり、さらにムラの結束も図られます。祭はたんなる芸能ではなく、ムラの親睦から、団体訓練、防災訓練、防犯訓練という意味合いをもっていました。だから祭のおこなわれる二、三日だけではなく、その準備のための何ケ月もの期間が大切なのです。

また祭というと、ふつう主祭神の神さまの祭だけをかんがえますが、もちろんそれはとても大切なことですが、鎮守の森には、そのほかにもたくさんのカミガミがいらっしゃるから、たくさんの祭があります。ふつうの社でも五つや一〇はあったものです。

ときに「特殊神事」といわれ、ときに「民祭」などといわれるそういう祭の多くが、明治政府の「神社は国家の宗祀として国が祭祀をおこなう延喜の制に復する」という方針の下に廃絶に追いこまれました。しかし、鎮守の森を「森」としてかんがえたときには、もう一度そういう祭を復活することが必要です。

鎮守の森に問題はあるの?

問題は、いっぱいあります。

公園は、先にも述べたように、市町村などの公共団体が管理しているもので、したがって公園の樹木は植木鉢の植木と変わるところがありませんが、鎮守の森はまったく放ったらかされたままに生きているものです。つまり鎮守の森は野生の自然なのです。鳥籠のカナリアやガラス鉢の金魚と同じといっていい公園にたいして、野生のトンビやフナに似ています。

しかしそれは、深海や高山のような「怖ろしい大自然」でもなければ、植木鉢や公園のような「可愛い小自然」でもない、いわば「面白い中自然」とかんがえることができます。そして都市の緑としては「中自然」の鎮守の森は「小自然」の公園よりも、はるかに多く鳥獣虫魚の棲みかを提供しているだけでなく、酸素の供給や水資源の保存といった環境問題でも大きな役割を果たしています。

そうかんがえると、鎮守の森は公園などよりも有用な「もうひとつの都市の緑」といえます。

しかし、いままでは明治政府の「延喜回帰」また第二次大戦前の「国家神道」などとの混同、さらに戦後の「日本文化への無理解さ」や「科学技術への意識偏重」などが災いして、市町村などの公共団体から無視され続けてきました。

もちろん、鎮守の森は自力で生きていく力をもっているので、無視されるだけならまだいいのですが、現在は、近くにビルが建ったり、汚水が流れこんだり、電器製品などの不法投棄場にされたり、土地を削られたりして散々痛めつけられています。

とくに先ほどから述べているように、周りの土地が削られ、森のなかがスカスカになって乾燥していき、ほとんど雑木林のようになっているところが多いのは問題です。そのうえ、多くの人や車が出入りするようなところでは、雑木林以下の悪環境条件下になっているのです。

その結果、多くの鎮守の森はいま病み衰えています。健全なものは五パーセントもない、といわれる状態です。雑木林化し、病虫害に犯されるものが多く、台風などに逢うとすぐ倒れる弱い木が増えてきています。このまま放っておくと、鎮守の森はしだいに消滅していくことでしょう。度重なる市町村合併にも耐え、科学技術の時代にも頑張りとおしてきたのに、高度経済成長や「バブル」の乱開発により滅んでいくのは、残念なことです。

いま、鎮守の森などの森を、もっと大切にかんがえなければならないときにきているのです。

鎮守の森が弱っていることがどうしてわかるの？

まず外から見て、森の木々の葉っぱが艶々としているかどうかです。その土地に適合した樹木だったら、木々の葉っぱは生き生きとしているはずです。外から森を見ても、アリの這いいる隙間もないほど、木々が張り合い、密生しているのです。

第二に、森のなかが見えるかどうかです。森のなかがスカスカに見える、というのは、森がいわば裸でいるようなもので、森のなかに風がはいってきたり、強い陽射しに晒されたりして乾燥し、植物などを傷めます。ですから、優占種の樹木などがしっかり森の周りをカバーしていないときには、森にキモノが必要です。

それをマント群落といいます。マント群落は、主にスイカズラ、ヤブガラシ、アケビといったツル性の木本植物で構成されます。

さらにマントの下にも防御がいります。それをソデ群落といいます。ススキ、スギナ、イタドリなどの草本類です。これらが密生して風や光を防ぐのです。そういうものがあるかどうかが、森が健康かどうかのひとつの基準になるのです。

ただし、これらも、あまり成長し過ぎると、本体の森の木々を傷めることがあり、森自身の基礎的な体力が問われることがあります。

マント群落とソデ群落

地面にコケがあることが大切である
（京都市倉掛神社）

次は、森のなかにはいって、水源、水脈、水面があるかどうか、その結果として森の地面に湿度が保たれているかどうかを調べてみてください。それは地面にコケがあるかどうか、ベニシダやカナワラビ、シシガシラなどのシダ植物が生えているかどうかでもだいたい判断ができます。シダ植物は種子でなく胞子で増殖し、胞子生殖には水が欠かせないからです。

そうして土壌を見ます。土壌が落ち葉などが溜まってフカフカしているか、ミミズやキノコなどを見ることがあるか、セグロコシビロダンゴムシというダンゴムシがいるかどうかなどです。一般にこれらがいれば、良好な土壌であり、良好な森といえましょう。カチカチに堅い土壌、パサパサに乾燥している土壌では、これらのものは生えず、居ず、森が栄養失調に陥ります。

しかし、こういう点からみると、先に述べたようにいま鎮守の森のほとんどは健康が衰えて、あるいは病んでいるといえます。そこで必要なことは、鎮守の森がどのように弱っているか、病んでいるかの実態調査をすることです。

全国で宗教法人になっている鎮守の森が八万あまり、そうでないものを含めると十数万の鎮守の森がありますが、そこに祭られている主祭神などにかんしてはよく調べられているけれど、森のこととなると、ほとんどその実態がわかっていません。

そこで、鎮守の森のなかのとくに「森」に視点を当ててその実情を調査するとともに、とりわけ、いま困っていることの具体的な内容を調べて、その対策を立てることが急務なのです。

何を重点に調べるの？

調べたいことはたくさんあります。

しかし、そのなかでの重点は、いま健康を害し、あるいは病気にかかっている鎮守の森を早く健康にするために、その健康劣化や病気の原因をさぐり、適切な処方箋を書くことです。

それは、鎮守の森によってみな違いますが、弱っていることにかんして一般的にいえることは、いま述べたように、まず、現在鎮守の森を構成している主たる樹木が地域の環境に適合しているかどうかです。その結果、森が生き生きとし、あるいは木々の葉っぱが艶々としているかどうかということです。

次に鎮守の森の外郭に、樹木や草が密生しているかどうか、鎮守の森を取り巻くマント群落やソデ群落があるかどうかです。そこでその状況を調べ、ないばあいには、それをつくりだす処方箋をかんがえる必要があります。なお、マント群落などが発達しすぎて問題になっていないかも注意しましょう。

さて、ここで大きな問題は、水が枯渇していることです。そこで、まず何より水源を見つけることが重要になってきます。

かつて鎮守の森に流れてきた川はいまどうなっているか、近くに新たな湧水が見つからないか、枯渇した井戸のほかに新しい井戸を掘ることができないか、などといったことを調べるのです。また、昔あった川や沼や池や井戸の跡を調べてそれらを復元できないか、といったこともかんがえましょう。

そうして水源が見つかったら、新たに川を掘るのです。たとえば井戸を一本掘ったら、四六時中水を流すことができます。近在の多くの人が水を貰いにくるだけでなく、その水を境内に流すことができるのです。そのばあい、水を森のなかにゆっくり蛇行させることをかんがえます。そうして森のなかに万遍なく水を配るのです。そうすると、草も木も、虫も鳥もみな蘇ってきます。魚や獣たちも増えだします。新たに井戸を掘ると百万円ぐらいかかりますが、そんなお金に替えられないぐらいのメリットがあるでしょう。京都市の下鴨神社の糺《ただす》の森では、昔の川を復元して大きな成果をあげています。

四番目に、森のなかでの車はもちろん、人間の歩行も制限することです。車の通行や人間の歩行は、森の土壌を壊すだけでなく、森の木々の根を傷め、雨水の地下への浸透をなくしてしまいます。

森のなかの林床を傷めないようにする
（大津市近江神宮）

そこで「入らずの森」のばあいはいいのですが、そうでないときには、森のなかにしっかりとした道をつくって、その道以外のところの人間の歩行などを制限することが必要でしょう。

そのほか、タケやササ類が繁茂すると他の植物が生育しないので、その状況を調べることが肝要です。

また、動物の生態を調べることも大切です。「動物がいない森は森ではない」といっていいからです。

以上のことは、いろいろの科学や技術分野にまたがっていますので、総合的にわかる専門家が少なく、ために新たに専門家を養成しなければなりません。鎮守の森などのことを社叢といいますが、「社叢医」をつくることが必要なのです。それが、これから鎮守の森を守っていくひとつの課題なのです。

鎮守の森を誰が守っているの？

鎮守の森を守っているのは、もちろん神職さんたちです。

しかし神職さんたちはあまりにも数が少ない。「鎮守の森の十に一つは、神職さんが常駐していらっしゃらない」といっていいぐらいです。

ために、実際には氏子さんたち、つまり森の近くにある集落の人たちが守っている、といっていいでしょう。だから、鎮守の森のことを調べるときは、たいてい氏子総代の人に話しを聞くことから始めなければならないのです。

というのも理由があります。だいたい、いまから七〇〇年ほど前の南北朝前後のころ、全国各地で、自治的なムラづくりがおこなわれました。そのとき、ムラの組織も運営も、水の管理やレクリエーションなども、みな住民たちによって「聖なる森」つまり鎮守の森の社前でおこなわれました。鎮守の森が村落生活の要になったのです。

そういうムラが、先に述べたように江戸時代の終わりごろ、あるいは明治の始めごろには二〇万近くもあったとおもわれます。すると鎮守の森も二〇万近くあったことになります。そして、何度もいうように、そのうちの大部分のものが現在でもなお残っているのです。

そういう伝統にしたがい、これからも住民の力で鎮守の森を守ってゆきたいものです。

ただ現在、鎮守の森の近くにいる住民は高齢者が多く、その活動には限界があります。となると、これからは、鎮守の森のある町の市民全部で守っていく必要があります。そのためには、鎮守の森の存在が、もっと知られなければなりません。そこで身近かな鎮守の森の情報を具体的に発信することが、とても大切になっていくのです。

「鎮守の森の構造」をわかりやすく説明してください

いままで述べてきたように、鎮守の森のなかは山川草木を始めとする森羅万象の自然です。したがってそこには、たくさんのカミガミがいらっしゃいます。そしてそのなかに、その総体とも本質ともあるいはシンボルといってもいいような神さまがいらっしゃって、その神さまはよういにわたしたちの前に姿をお現わしにならない、とかんがえられています。

しかし、かんがえようによっては姿をお現わしになります。日々、日本人の命を支えている巨大な存在があるからです。それは山です。

山は、先ほどから述べてきたように、わたしたちに水を供給してくれる「巨大な貯水タンク」です。

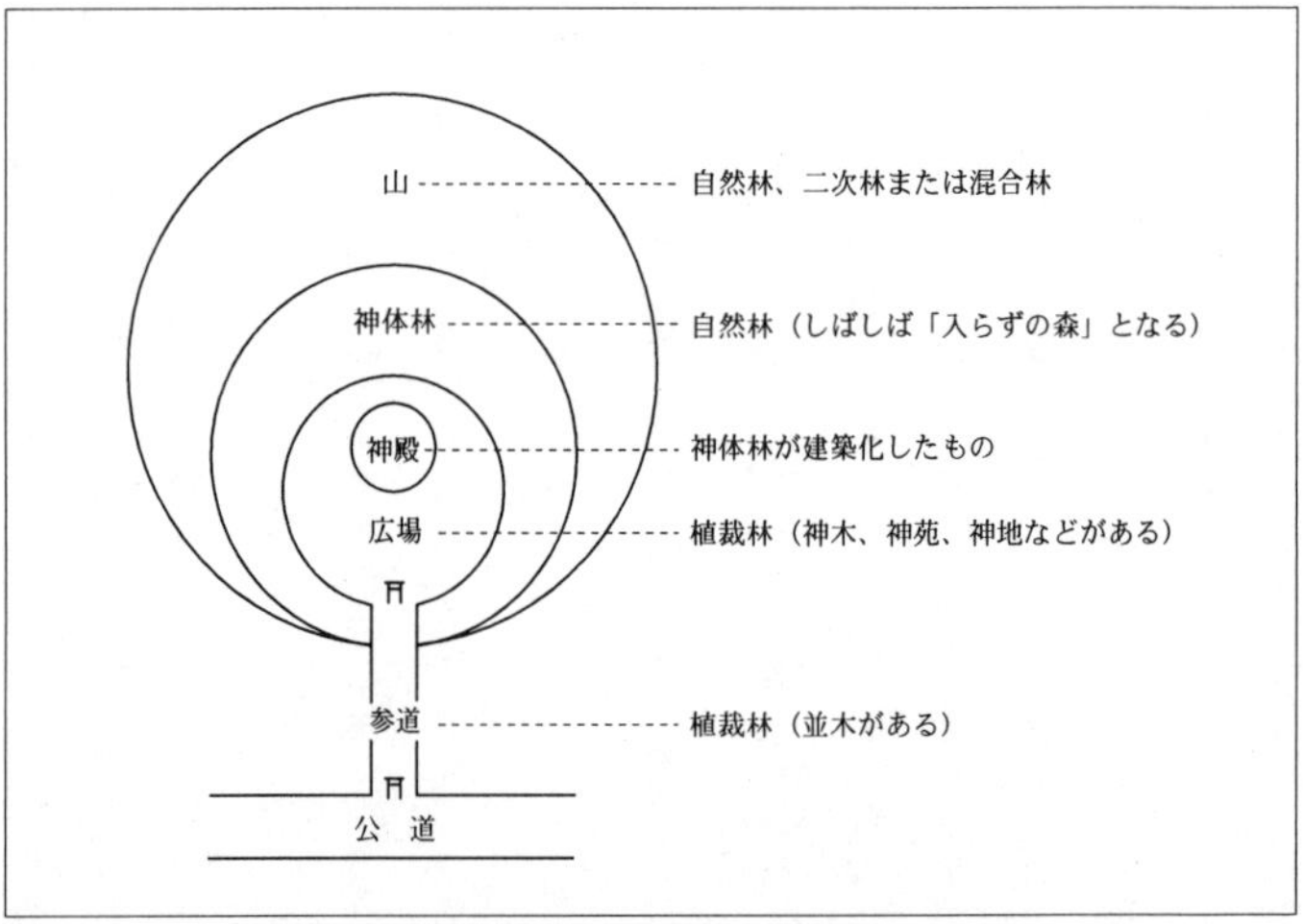

図１　鎮守の森（境内）の構造

植物や動物などの食料を提供してくれる「スーパーマーケット」です。また、船の航行に欠かせない「ランドマーク」です。ひとびとに天候や気象の変化を知らせる「気象台」です。そして、日本の国土のほとんどの生物の生命がそこに還りそこから生まれる「生命再生工場」なのです。

たいていの鎮守の森の近くには、山があります。ときには、神殿の背後に美しい山が控えています。そしてそれらの山は、いまいった偉大な働きから神さまとかんがえられ、あるいは神さまが鎮座する神山ないし「神体山」とされ、鎮守の森がその遥拝所になっているケースが多いのです。

実際、山を神と見る信仰は、古くから日本人の心に宿ってきました。昔の祝詞《のりと》の大祓詞《おおはらえことば》にも、

　アマツカミは天の岩戸を押し開きて（中略）聞こしめさむ

クニツカミは高山の末、短山《ひきやま》の末に上りまして（中略）聞こしめさむとあります。「日本の神々は山にいらっしゃる」とかんがえられていたのです。するとあるはじつは、現在ある狭い境内だけではない。たいていのばあい、この山を含めたもっと広いものになります。少なくとも、昔はそうだったのです。

そこで、その構造を四つの同心円でしめします。いちばん内側の円が「神殿」です。祭のときに神さまが出現なさる場所です。次が人間の行動領域である「広場」と「参道」、その次が「神体林」です。そして最後が「山」という神さまご自身です。あるいは神さまのシンボルです。

自然という神のシンボルは山だけか？

じつは「自然という神のシンボル」は、山だけではありません。鎮守の森から、川や、滝や、岩などの自然物をご神体として遙拝しているところがたくさんあります。なかでも多いのが海です。広島の厳島《いつくしま》神宮や宮崎の鵜戸《うと》神宮のように、海と関係の深い神社がずいぶんあります。

たとえば沖縄では、彼岸《ひがん》の国がニライカナイ（海の彼方の楽土）といわれるように、一般に「神さまは海からやってくる」という信仰が強いのです。

いまでも沖縄の岬々にはウタキと呼ばれる「聖なる森」があります。そこでは、ノロと呼ばれる神女たちが海を拝みます。一方、海に出て働く男たちは、逆に舟の上から岬々のウタキを拝んでいるのです。ウタキを通じて男と女が交信しているのです。これは、日本の漁師たちが、先に述べたヤマダテ、あるいはヤマアテ、すなわちいつも陸上の山を見て、あるいは拝んで、海上の自分のいる位置を確かめていることと関係があります。

さらにその岬から、今度は海と反対に内陸の山を拝むことがあります。青森県の鰺ケ沢の岬には岩手山の遙拝所があるのです。

そういうベクトルは、海からやってくる神さまの動線をしめしています。「神さまは、海から岬、そして山にやってこられ、山から里宮、里宮から田宮（お旅所）へと順番に降りていらっしゃる」とかんがえられるからです。

だから人々は、逆に、田宮、すなわちムラのなかから里宮を拝み、里宮から山を拝む。そしてお祭りのときなど山に立ってみると海がよく見える。沖縄の人でなくても海を拝みたくなる心境になるものです。つまり、遙拝という行為によって、里―山―海というふうに、これらが聖なる場所としてみなつながっている、といえるのです。

だから「山が神さまのシンボル」といっても、それは「神さまそのもののシンボル」ではなく、川や海などを含めて神さまが網の目のようにつながっているいわば「神さまのネットワークのシンボル」なのです。

山を「神さまのネットワークのシンボル」とかんがえたら何が変わるの？

欧米の都市では、人々は昔から、都市の外から都市の中心にある教会の尖塔を仰いできました。そのために、いまでも都市の外部から都市の中心にある教会やカテドラルの尖塔を眺められるように都市計画的に配慮されることが多い。それが「都市景観の聖軸」になっているのです。

これにたいして日本では、鎮守の森から神体山を遙拝するように、逆に、都市の内部から周囲の山々を拝んできた文化があります。それが日本の「都市景観の聖軸」です。

そこで、これからも積極的に都市のなかの鎮守の森から、あるいは都市のヒロバから周囲の山々を眺められるように都市計画的な配慮をかんがえてはどうでしょうか。つまりヤマミという新しい「都市景観の聖軸」をかんがえるのです。

それは、ダイナミズムに変化する日本の都市景観に秩序を与えるだけでなく、町のヒロバから見上げると「昔と少しも変わらない山が見える」ということで、激しい都市の変化にも戸惑うことなく人々の心を落ちつかせます。石川啄木が、

ふるさとの山に向ひて言ふことなし　ふるさとのやまはありがたきかな

と歌ったことです。

それが「不易流行の都市」といえる日本の都市に魂をいれることになります。つまり「新しいものを求めて変化する流行性」にたいして、この都市の聖軸が「永遠に変わることのない不易性」を現わすのです。

「永遠の都市」を理想とかんがえる欧米の都市にたいして「不易流行の都市」という日本の都市の生き方を明確にし、世界に日本の都市の魅力をしめすのです。

だけど山には鉄塔がいっぱい立っているのでは？

現実を見ると、たしかに山には高圧鉄塔などがいっぱい立っています。

高圧鉄塔だけでなく、観光道路あり、土採り場あり、採石場あり、ゴルフ場あり、スキー場あり、霊園ありで、日本の自然の山の面影は、だんだんなくなってきています。さらに多くの山では、古くなった電気製品などの不法投棄の場にさえなっています。現実の山の多くは、悲しいことに、美しくもなければ神秘的なものでもなくなってきているのです。

そのうえ大きな問題は、先ほどから述べているように、第二次大戦後、山の植生の四〇%がすぐ大きくなる生産財としてのスギなどに変えられたことです。つまりこれは「森が林に変えられた」といっていい。それも立派なスギ林ならいいのですが、外国から安い木材がどんどんはいってきたためこれらのスギ林の枝打ちや間引きなどがおこなわれず、ヒョロヒョロしたスギばかりになって山の保水能力が落ち、山肌の保全能力が低下し、自然の豊かさが失なわれてきました。サルやタヌキやイノシシなども餌がなくなって、頻々と里へ下りてくるようになりました。かつてわたしたちの祖先が神とかんがえた「豊かな自然の山」がなくなってきたのです。
この山の自然を回復しないかぎり、都市のなかから山を見る景観もあまり意味をもたない。また、その山を見る鎮守の森の自然も回復しない、といえるのです。

山の自然をどうして回復するの？

この山の自然を回復することが、鎮守の森の保全とともに現在の日本の大きな課題です。そこで、そのひとつの方法として「これからは墓地をつくるのを止めて、死者を昔どおりに山に埋葬するようにしてはどうか」とかんがえます。

庶民が平地などに墓地をつくるようになった歴史は比較的新しいのです。昔から、日本の庶民は多く、死んだ人の身体を山に埋めたり、山で焼いたりしてきました。

平地などに墓地をつくるようになったのは、都市の人口が増えたことのほかに、中世末に経済的・社会的に大きな勢力をもっていた仏教が、その勢力を武士に奪われて庶民の葬祭事業に専念するようになった江戸時代から盛んになったことです。明治以後は商業主義化していっそう多くなった、といえましょう。

その結果、平地に墓地がどんどん増えて、土地がだんだんなくなってきました。そこで平地だけでは足らず、最近では山を削って山の斜面に大々的な霊園などをつくるようになりました。つまり山の自然を破壊しているのです。こういうことを止めて、もっと自然な形で山に埋葬することをこれからのひとつの社会的方向としていってはどうでしょう。つまり、平地や山に墓をつくるのではなしに、山を墓にするのです。

ところが現実には、先にも述べたように、山は荒れ果てていて、これでは人々は山に埋葬するという気分にはならないでしょう。山をもっと美しくしなければなりません。

その手始めとして、これから山に自然な形で埋葬できるように、あるいは骨灰を還骨できるように、鎮守の森の「入らずの森」を範とする「入らずの山」というものをかんがえてはどうでしょうか。

社寺などが、あるいは市町村でもいいのですが山のある一定の区画を「入らずの山」として、そこに人々が還骨できるように管理するのです。つまり山に、植物や動物だけでなく人間も埋葬できるようにするのです。そして山全体をお墓にするのです。

その「入らずの山」には、墓石も、墓標も一切禁じられます。ただ、骨などが埋葬され、あるいは散布されるだけです。死者はせいぜい「入らずの山」を囲う玉垣の一本の石柱を「寄進」するだけです。

昔、万葉の歌人大来皇女《おおくめのひめみこ》は、悲運の最期を遂げた弟の大津皇子の屍を二上山《ふたがみやま》に葬って、

うつそみの人にあるわれや明日よりは　二上山を弟世《いろせ》とわが見む（一六五）

と歌いました。これは悲しい歌ですが、しかしそのような「山観」はもう一度かんがえ直したいものです。

「そのためには山の自然を回復することが必要だ」という社会的関心を高め、「山そのものを墓とするような国土政策」をこれから打ちたてていってほしいものです。

まだいい足りないことありますか？

長々といろいろなことを述べてきましたが、一番いいたいことは「あなたの周りにある鎮守の森は生きていますか？」という一言に尽きるでしょう。

実際、目で見た限りではたしかに森は存在していても、はたしてそれが生きている森か、あるいは死んでいる森か、ということを知ることが何より大事だからです。生きている森は、今後も長く生きつづけるでしょうが、死んでいる森は、いまは森の形をしていてもそのうちにパラパラの樹林になり、やがて強い台風でも来ればいっぺんに倒れてしまいます。形は森であっても命がもはや失われているのです。

では、命とは何か。生きている森というのはどういうことでしょうか。

それは、人間も含むその土地の森の生態系が維持されているかどうか、いいかえると、落葉や動物遺体などを分解して養分とするなどの森林再生力をもっているかどうかです。その生態系が失われると、森はただ死を待つばかりです。

森の生態系が維持されると、森のなかの生物は、たとえ個体が消滅しようとも種生命は維持され、種どうしが共生し、森の安定は保たれます。その形は、高木、亜高木、低木、下草、土のなかのカビやバクテリアといったものが、競争しながらもそれぞれに繁栄している姿に見ることができます。

一般に、森がこのような安定した生態系をうるためには、それに至る長い歴史があります。一朝にして安定した生態系はえられないのです。照葉樹林帯のばあいですと、一度破壊された生態系が安定した生態系にもどるためには、その土地の環境条件を踏まえつつ遷移をくりかえしても二〇〇年ぐらいはかかる、といわれています。

鎮守の森は、本来、みなこのような安定した生態系でした。

しかし、いま各地の鎮守の森では、このような安定した生態系は、大方、失われました。植物生態学者の宮脇昭さんの報告によれば、神奈川県にあった二八四〇の鎮守の森のうち、最低限の森の生態系が維持されているものは、一九七〇年代に調査したとき四五しか残っていなかったそうです。第二次世界大戦後三〇年で一・五パーセントになってしまったのです。

わたしが各地の鎮守の森を歩いたり、多くの調査報告を読んだりして感じたところでは、鎮守の森で安定した生態系をもっているものを「健康な森」としたら、全国平均してそれは五パーセントもありません。生態系がおかしくなっている「病気の森」は三〇パーセントぐらい。生態系が破壊されかかっている「瀕死の森」も二〇パーセントぐらい。そしてあとの四五パーセントは、生態系がほとんど破壊されてしまった「仮死の森」なのです。

もちろん、これは各地の調査報告の上に立ったわたしの主観的・感覚的印象ですが、しかし現状はそう大きく違っているともおもえません。

すると、問題は、このような「病気の森」「瀕死の森」「仮死の森」をどうするかです。それをかんがえていくことが一番大切なことです。そのなかでもとりわけ重要なことは、鎮守の森の管理に当たっている人が「自分のところの鎮守の森はこのうちのどれに当たるか」を知ることです。

すべては、その認識から始まる、とおもいます。

一　鎮守の森を歩く――さまざまな素顔

1　鎮守の森の原点――沖縄県知念村斎場御嶽

鎮守の森の原点になるような森がある。

沖縄本島の那覇市から、東南へ、およそ二〇キロメートルほどいったところの知念半島の先端にある斎場御嶽《せいふあうたき》だ。

ウタキは、御岳と書くように、オンとタケの合成語が訛ったものである。ウは敬語で、タキは高《たか》であるから、ウタキは「聖なる高いところ」ということだ。「聖山」といっていい。しかし、たいていのウタキは、多少土地が盛りあがったていどのものでしかないから、印象としては「聖なる丘」である。

このウタキが本土の神社にあたる。むしろ神社の原型といったほうがいいだろう。本土では失われてしまった神社の古い形が、沖縄にはウタキとして残されているのだ。

日本の神社は、たいてい森をもっている。それは、もともと神社が森を意味したからである。古くは、

いまのような社殿をもたなかった。『万葉集』の歌などにも、

哭沢《なきさわ》の神社《もり》に神酒《みわ》する禱祈《いの》れども　わご王《おほきみ》は高日《たかひ》知らしぬ（二〇二）

などのように「神社」と書いて「モリ」と読ませている。その「社殿をもたなかった神社」の姿が、このウタキなのである。ウタキは、いまもたいてい森だけあって社殿はないのだ。

沖縄に数あるウタキのなかでも、このセイファウタキは、もっとも古いもののひとつである。沖縄最初の歴史書である『中山世鑑《ちゅうざんせいかん》』によると、アマミクという神さまが、天から久高《くだか》島という島に降りてきてウタキをつくった。そのとき、三番目につくられたのがこのセイファウタキだ、といわれる。

知念半島の付け根のところに、ひとつの浜がある。マチガチドマイという。ドマイは泊まりである。昔の舟着場だ。そばにウンチャヤマとよばれる丸くて大きな岩がある。沖からの目印になっている。昔はセイファウタキへはみな舟で来たものである。

ここから、陸へ四〇〇メートルほどはいったところに小さな広場がある。かたわらに泉がある。本土の神社の禊《みそぎ》の川といっていいだろう。ウガンジュという。小さな拝所、つまり小祠である。そこからさらに藪のなかにはいっていく。その藪のなかが、あるいは森のなかがウタキの中心だ。といっても、そこにあるのは小道だけである。小道に沿って、ところどころに燈籠状の石細工があったり、自然石があったり、岩陰に鍾乳石があったりするぐらいだ。しかし、それらはみなウガンジュで

水平線のかなたに横一文字の島が見えた（沖縄・知念村斎場御嶽）

ある。香炉などがおかれている。そういうウガンジュが森のなかにいくつもある。

そのなかのひとつに大きな洞窟状の岩があった。はいると、なかは青天井だった。見あげると、頂《ちょう》の鼻とよばれる岩山が見える。これは沖ゆく船からもよく見えて、航海の目印になっている。漁民のヤマだ。そのヤマを拝む。

それで全部終わりか、とおもったら、ふと潮騒が聞こえてきた。「ああ、ここは海なのだ」と気がついた。太平洋である。「太平洋を見たい」とおもった。そこで木立ちのあいだを覗いてみた。すると、眼下に白波を立てた海が見えた。

しばらく、白波を見ていた。

そして、やおら目を上げて遠方を見ると、水平線のかなたに、おもいがけず横一文字の黒い線が見えたのである。

始めは何だろうか、とおもった。やがてそれが、沖縄第一の「聖なる島」とされる久高島であることがわかった。

「あっ」とおもった。虚をつかれた。まさか、ここから久高島が見えるなどとは、おもってもいなかった。一瞬、身が引きしまった。すばらしい演出だ、と感心した。そして「これが神なのか」とおもった。

わたしは、手をあわせたい気持ちになった。

2　太陽の遙拝所——宮崎県日南市鵜戸神宮

鵜戸《うと》神宮という変わった名前の神社が、宮崎県にある。

鵜戸の鵜は、鵜飼いの「鵜」である。鵜に魚をくわえこませて、そのあと人間が横取りする、という変わった漁法だ。日本のほかに、中国大陸にも広く分布しているから、東アジア漁民の古い習俗だったのだろう。日本では、長良川の鵜飼いが有名である。

神武天皇は日本の初代の天皇とされるが、そのお父さんを鵜葺草不合命《ウガヤフキアエズノミコト》という。産屋《うぶや》に鵜の羽が半分しか葺かれていないときにお生まれになったからその名がある。ウガヤフキアエズを産んだお母さんは、さしずめ、鵜を操る漁民の娘だったろう。

このウガヤフキアエズの山稜が、伝承では、宮崎市から南へ海岸線を三〇キロメートルほど下った吾《あ》平《ひら》山上にある。日向灘に突き出した半島の山だ。

その直下に鵜戸神宮がある。ウガヤフキアエズを祀っている。となると、古墳と鎮守の森とは密接な関係があることがわかる。

そこで、海岸沿いを車で鵜戸湊までいく。現在は吾平山にトンネルが掘られて鵜戸神宮まで車でいけるようになっているが、昔の参道は、鵜戸港から石段で吾平山へ上がるものだった。八丁坂と呼ばれる昔の道をとる。木の香りがする。鳥が鳴いている。足下の石段は、磯石《いそいし》と呼ばれるグレーの石であるが、長い年月、人間が踏み固めてきたために、まるでスプーンのようにすり減っていて、その曲面がなんともいえず美しい。人々の信仰心の結晶を見るようである。

上り四三八段。辻堂と呼ばれる三叉路にくると、今度は下りになる。そして三七七段。参道で神社に参るのに下りがあるというのは珍しい。暗い森のトンネルの中を地底の世界へでも降りていくような錯角に襲われる。

人々が踏み固めた参道の石
（日南市鵜戸神宮）

やっと下り切ったところで、急に目の前が開ける。目をしばたたせて見ると日向灘だ。潮騒が聞こえる。劇的な展開である。

だが、劇はまだ終らない。海岸沿いの道を日向灘の白波を見ながら少し歩いたところで、朱塗りの太鼓橋を渡る。恐る恐る太鼓橋を降りきると、そこに巨大な洞窟が口を開いている。洞窟のなかに神殿があるのだ。

洞窟のなかの広さは約一二〇〇平方メートル。畳なら七〇〇枚ぐらい敷けるだろうか。薄暗く、奥のほうへいくと漆黒の闇で、岩の上に置かれたロウソクの火だけがかすかに揺れている。その揺らめく火影に、神殿が浮かびあがる。

振り返ると、いま入ってきた入口がポッカリと見える。真東の方向を向いている。

外に出る。さっきは、洞窟に気をとられてあたりの風景を見るどころではなかったが、今度は進行方向にあるから、嫌でも目にはいる。そこには、息を呑むような奇岩、怪石が林立しているのだ。日向灘がそれらの岩頭に砕け散っている。

「ああ、ここでウガヤフキアエズは生まれたのだ」とおもった。海神の子にふさわしい。

昔、沖縄で調査したとき、漁民から「太陽は一年中照って欲しい」といわれたことをおもいだした。危険な海で仕事をする漁民にとって「雨は悪魔、太陽は神さま」なのである。すると、ここは漁民にとっては太陽の遙拝所ではないか。

天気のいい日には、朝日が洞窟の奥の隅々まで照らすそうである。

3　森のなかのカミガミ――三重県伊勢市伊勢神宮

「伊勢神宮とは何か」と問われると、有名な西行の歌が思い浮かぶ。

何事のおはしますかは知らねども　辱《かたじけな》さの涙こぼるゝ――『異本山家集』

若い人々のごった返す「おかげ横町」から五分ばかり歩いて、古式ゆかしい木橋である内宮の宇治橋を渡る。急にあたりが静かになる。ザクッザクッと玉砂利を踏む音だけが聞こえる。五十鈴《いすず》川の広い川床で手を洗う。大きく息を吸いこむ。気分が晴れ晴れとする。

そうして、鬱蒼とした杉木立のなかをさらに奥へ進む。ほのかに木の香りがする。真新しい建築群の気配を感じる。「伊勢の神殿に来たのだ」とおもう。西行でなくても、知らず知らずのうちに身が引き締まってくるのを覚える。

建築、すなわちアーキテクチュアということばは、もともと古代ギリシアでは「神が創った空間」を意味した。すると、伊勢の森はまさにそれだ。建物ではないけれど、それは「最高の建築」である。

しかし、この神宮の内宮や外宮の崇高な佇いに、人々は感激して帰ってしまうが、じつは神宮はこれだけではない。ほかに一四の別宮と、一〇九の摂社や末社、所管社があるのだ。合計すると一二五社である。そして、これらすべてを参るのが「伊勢参り」であった。江戸時代の人々は、一ヶ月ぐらいかけて参ったそうだ。

ではいったい、そこにはどういう神さまが祭られているのだろう。

それらに祭られている神さまたちを調べてみると、じつは、木の神であったり、風の神であったり、山の神であったり、さらに海の神であったり、川の神であったり、泉の神であったりする。いずれも自然の神々である。なかには人工的な井戸の神や堤防の神、橋の神などといった神さまもあるが、いずれも自然とかかわりがある。

また、人間を祭っているケースでも、天照大神《アマテラス》の来られる以前から住んでいた地主とみられる神さまが多い。

要するに伊勢神宮には、アマテラスをはじめ高天原の神さまのほかに、圧倒的多数の自然の神や土地の神が祭られているのだ。その神さまたちのほとんどは、アマテラスがやってこられる以前から、この広大な伊勢の森に生きたカミガミだったのである。

そのひとつ、多岐原《たきはら》神社に参る。内宮や外宮から三、四〇キロメートルほど山奥へはいった宮川の上流にある。

杉木立の道に車を停めて、畦道《あぜみち》を伝って、木々の間を川の方へ下りていく。小さな森のなかに簡素な宮がある。アマテラスを奉じて来られた倭《ヤマト》姫命が川を渡るのをお助けした「土地の王」を祭っているといわれる。

近くに円錐形の小さな山がある。この宮から見る山の形がじつに美しい。昔から土地の人々が信仰してきた山だそうである。

ヤマトヒメ一行は、しばらくこの地に滞在されたそうだが、そのわけも、わかるような気がしたものだった。

4　市街地の海に横たわる「島」――名古屋市熱田神宮

JR名古屋駅から東海道線で、上りの三つ目の駅が熱田である。駅を降りると、正面に大きな森の広がっているのが見える。熱田の森だ。面積約六万坪、二〇万平方メートル。周りをビル街が取り囲んでいる。

どうしてここに、こんな大きな森があるのか、というと、その答えはいたって簡単だ。何千年もの昔からずっとここにあったからだ。

名古屋市の中心部の名古屋城から南の熱田神宮にかけての長さ七キロメートル、幅二キロメートルほどの間は、地盤が周囲よりわずかながら高い。つまり微高地になっている。「那古野《なごや》・熱田台地」といわれる。洪積台地である。

昔、この台地の東北の一部を除いて、周りは全部海だった。東北から南に向けて象の鼻のように細長く伸びる半島だったのだ。そのとき、現在の名古屋市の大半は海の底だったのである。

その海は「年魚市潟《あゆち》」といわれた。それが訛ってアイチとされ「愛知」の字があてられた、という。肥沃な漁場だったらしい。というのも、この台地には鬱蒼とした森があったからだろう。

「森は海の恋人」といわれる。というのも、森が海に「栄養物」を流すからだ。

森は陸上動植物の活動の場である。毎年、葉が茂り、花が咲き、実がなり、落葉が積もる。動物たちも、森で生まれ、成長し、そして死ぬ。それらの落葉や、枯木や、遺体などが、バクテリアなどによって分解され、各種のミネラルなどになり、それらを含んだ水が海に流れでてプランクトンを育てる。すると小魚がやってくる。小魚を追って中魚がやってくる。中魚を追って大魚もやってくる。

そこで、この熱田の半島と年魚市潟を仙人の住む蓬萊《ほうらい》とする伝承が、広く流布したそうである。

だが、文明が発達するにつれ、台地の周囲はしだいに陸化した。しかし、ドロドロした沖積世の小石、砂、粘土層では森は育たない。森は、いつまでたっても台地だけだった。

ところが、ある日、台地の北端に徳川家康が城を築くと、大きな変化が訪れた。北の方からしだいに森の木々が切られていって町に変わったのである。ただ南端の熱田神宮だけは、神職たちが木の伐採を拒みつづけた、といわれる。

市街地の海に横たわる「島」
（名古屋市熱田神宮／中日新聞社提供）

ここに熱田神宮ができたわけは、直接的には、倭建命《ヤマトタケル》と宮簀媛《ミヤズヒメ》の愛の伝承とされる。ヤマトタケルが蝦夷《えぞ》へ、次いで伊吹への往き帰りに、いつもここミヤズヒメの居所に滞在したからだ。

しかし、地政学的にみると、肥沃な漁場を背景に東海道と美濃街道の交叉する要衝を押さえた、古代の豪族の尾張氏の「氏神」がそこにあったからではないか、とおもわれる。

その尾張氏は海人《あま》系集団とされる。一族に海部《あま》姓をもつ者が多いからだ。とすると、その氏神も海上からのランドマークだった可能性が高い。

現在、熱田の森は、齢千年の七本楠をはじめとして、クスノキの大森林となっている。ほかにウバメガシ、クロガネモチなどがある。典型的な照葉樹林だ。見るからに黒々としている。熱田の森は南方植物の故郷なのである。

しかし、熱田の森からは、もう海は見えない。

「海を見たい」とおもって、森の東側にある、とあるビルに上がってみた。空は曇っている。しかし南のほう、森の先の市街地の空だけは明るい。その明るさのなかに、海の気配を感じることができたのだった。

5　海からの目標となる山——石川県珠洲市須須神社

日本海に向かって大きく突き出した能登半島の東端に、珠洲《すず》岬がある。

その珠洲岬のたもとに葭ヶ浦《よしかうら》温泉があり、さいきん「ランプの宿」として有名になった。「二一世紀の日本で電気が来ないほど野趣に溢れた地域」ということだ。

その葭ヶ浦温泉へは、能登鉄道の終点、珠洲《すず》市の市街地の中心にある蛸島駅からバスでゆくしかない。

だいたい奥能登の大部分が珠洲《すず》郡に属していて、日本でももっとも鄙びた地域のひとつといえる。

このスズという変わった地名に興味をもってそのあたりを歩いているうちに、珠洲岬のすぐ南の寺家《じか》という集落のなかの須須《すす》神社にたどりついた。その社叢には、スダジイやタブノキなどの照葉樹林が密生していて国の天然記念物に指定されている。

須須神社は『延喜式』神名帳にも記されている由緒のあるものである。さらに、江戸時代の諸記録に「崇神天皇の御世に創建された」と伝えるから、古墳時代の始めごろにつくられたことになる。古いヤシロである。

もっとも、現在のヤシロが須須神社とよばれるようになったのは、江戸時代一七世紀後半のことで、それまでは『延喜式』を除いて須須神社の記録は見当たらない。また、このヤシロも高座宮《たかくら》と金分宮《きんぶん》の二つがあり、その祭神の高倉彦命と高倉神之后《きさき》神についても、諸説があって確定していない。二つの宮の関係もじつはよくわからない。謎の多いヤシロである。

このヤシロから二キロメートルほど北北西に向かっていった山の上に奥宮がある。かつて奥能登の修験の霊場として知られた山伏山(一八〇・四メートル)である。もとは狼煙《のろし》山、さらにもっと古くは鈴ヶ嶽とよばれたようだ。その頂上のすぐそばに、須須神社奥宮がある。

そこでこれは「奥宮つまり神体山である鈴ヶ嶽と、その里宮である須須神社と、その先にある珠洲岬の三つがセットになったこの地域の神さまの領域」などとおもって歩いているうちに、高座宮も金分宮も、ともに鈴ヶ嶽を背にしていない、つまり鈴ヶ嶽の「遙拝所」になっていないことに気がついた。

そこで持参した文献に当ってみると、奥宮と里宮のあいだでは、祭神はもちろん、昔は神官も違っていたそうだ。いまでも、氏子も神事も祭礼も異なっている。ために民俗学者の橋本秀一郎は「奥宮と本社はもともと別のヤシロであり、それが奥宮・本社という関係をもつようになったのは、本社が『延喜式』の須須神社を主張するようになった近世以後のことであろう」という。

すると「里宮の氏子は寺家の人々であろうが、奥宮の氏子はどこにいるのだろう」とおもって付近の人に尋ねてみると、珠洲岬からさらに三キロメートルほど北にあがったところにある禄剛崎《ろくごう》というもう一つの岬のたもとの狼煙町《のろし》という漁民の集落であることがわかった。

そこで狼煙町に足を伸ばす。この町が狼煙町とよばれたのは、北辺の警戒のために昔から、よくノロシが焚かれたためである。そして、奥宮に登拝するのもその祭礼をおこなうのも、やはりみなこの狼煙町の人々であることがわかった。

町外れの樹林のなかに須須神社のお仮屋があった。どうじに、それは鈴ヶ嶽の遙拝所になっていた。橋本も「『延喜式』にいう須須神社はこの狼煙町にあったろう」という。すると、この遙拝所の辺りにそれがあったかもしれない。

そこで資料を読んでいるうちに、奥宮の祭神は美穂須須美命《ミホススミ》というが、歴史学者の門脇禎二は「ススミはノロシの古語だ」と示唆していることを知った。奥宮のある山が、ノロシ山といわれたわけも、それでわかる。

「すると、鈴ヶ嶽のスズもススミのミがとれたものだろうか。なぜとれたのだろう」などとかんがえながら、しばらく遙拝所のそばから鈴ヶ嶽を見上げていた。

鈴ヶ嶽は、そんなに高い山ではない。ただその形状にはいちじるしい特徴がある。山が割れて二つの峯になっているのだ。見上げているうちに、わたしはふと「なるほど、それは鈴を逆さにしたときの割れ目の形ではないか」とおもった。「だから海上から〝鈴の山〟として人々に親しまれたのだ」。

じっさい、いまも灯台があるのは、珠洲岬ではなくこの禄剛崎のほうである。

禄剛崎に立つ。すると、このお仮屋と鈴ヶ嶽とがほぼ一直線に見える。しかも、鈴ヶ嶽の「鈴」が美しく見えるのである。

6　青々と輝く照葉樹林――長崎県福江市下大津八幡神社

ある年の春のこと、大学の休みを利用して、五島列島を旅した。

五島列島は、長崎市から西へ八〇キロメートル。東シナ海の海上に連なっている。意外に本土から近いが、そのわりには一般にあまり知られていない。大小一四〇ほどの島々からなり、いちばん大きい島が福江島で、わたしが訪れたのはこの島だった。一市四町、人口はあわせて五万ほど。島を一周するのに、車で半日はかかる。

五島列島は「隠れキリシタン」で有名だ。フランシスコ・ザビエルが鹿児島に上陸した一七年後の永禄九年（一五六六）には、二人の宣教師が来島してキリスト教を伝え、多くの人々が受洗し、最初の教会が建てられた。

以後、禁教と迫害に苦しみ、多数の信者が殉教した。

しかも寛政九年（一七九七）には、大村藩のキリシタン農民三〇〇〇人が、信仰の地を求めてこの福江島に移住してきている。その多くが「隠れキリシタン」だった。

明治六年（一八七三）に三〇〇年の禁教が解かれ、各地に教会が建てられた。現在、本教会、巡回教会あわせて五一の教会があり、人口の一五パーセントがカトリック信者となっている。その信者密度は全国一といわれる。それを象徴するかのように、福江島の北端にある堂崎教会はレンガ建ての美しいゴシック建築だった。

どうして、そんなにキリスト教が盛んになったのだろう、と誰しもかんがえる。堂崎教会の暗い会堂で、蠟燭の炎に浮かび上がった優しい顔のマリア像を眺めながら、わたしはつくづく「福江島にかぎらず、九州の西海岸の漁村地帯にキリスト教信者が多かったのは女性の力ではないか」とおもった。

江戸時代、幕府は、コメの生産量の限界から徹底した人口抑制策をとった。「一姫二太郎」政策がそれである。おかげで農村各地に堕胎の事実をしめす水子地蔵が立ち並んだ。

しかし、漁村ではそうはいかない。漁業は、農業と違って「板子一枚下は地獄」という世界である。

男たちの遭難が多いのだ。たったひとりしかいない男の子がもし海で死んだら、一家はそれで終わりなのである。

ところが、キリスト教は堕胎を禁じた。それを知った母親たちは狂喜したに違いない。マリア像が、彼女たちの救世主になったろうことは想像に難くない。

そういう島だから、神社などあまりないだろう、とおもったら、とんでもない間違いだった。人口五万に満たない小さな島に、全部であわせて一三五のヤシロがあったのである。一ヤシロあたりの平均人数は三六五人で、これは相当高いヤシロ密度といえる。

そこで車を駆って、時間の許すかぎりヤシロを見た。

内陸の山に向かって拝むヤシロが多かった。たとえば、富江町の霊神社、富江神社、大山祇《おおやまつみ》神社、八坂神社などは、いずれも富江港の背後にある標高一二六・一メートルの小山にピタリと向いている。また玉の浦町の白鳥神社は、かつて最澄が遣唐使の旅の無事を願って祈願したという由緒をもつ神社であるが、これも標高一七七メートルの御岳を拝む構造になっている。

山を拝むのでないものは、たいてい拝む先に古墳があった。たとえば福江市の五社神社を参拝する先には橘古墳があった。神社は南面し人々は北に向かって拝む、という普通一般に見られるヤシロの形式は、わたしが調べた範囲では、皆無だった。

山のほかに多かったのは、海に向かって拝むヤシロである。山を拝むヤシロと海を拝むヤシロを合せると八〇パーセント以上を占めていた。

なかに、福江市下大津の八幡神社は印象的だった。道路に向かって鳥居が立つ。鳥居の向こうに森と社殿があった。その森と社殿を通り過ぎるとまた鳥居があった。そしてその先は海だったのである。

ヤシロを廻っていてとりわけ印象深かったのは、社叢の緑だ。近畿地方でみる照葉樹林は、ふつう黒々としているが、ここで見るカシ、シイ、ツバキなどの照葉樹は青々としていて、それが太陽にキラキラと輝いていた。

「これが照葉樹林か」と、わたしはしばし見とれるのだった。

7　「国引き」の森――島根県鹿島町佐太神社

『出雲国風土記』に、もっとも美しい日本語のひとつといわれる次の一節がある。

童女《おとめ》の胸《むな》すき取らして　大魚《おおふ》の支太《きだ》（鰓《えら》のこと）衝《つ》きわけて
はたすすき穂《ほ》振りわけて　三身《みつみ》の綱打ちかけて
霜黒葛《しもつづら》くるやくるやに　河船のもそろもそろに
国こ国こと引き来縫《きぬ》える国は　三穂《みほ》の埼なり
持ち引ける綱は　夜見《よみ》の嶋なり
堅め立てし加志《かし》（杭のこと）は　伯耆《ははき》の国なる火の神岳これなり

「幅広い鋤を、大地に突きたて、土を返し、太い綱をかけ、たぐり寄せ、ゆっくりと、引き寄せた国は、美穂関だ、引っ張った綱は、弓が浜だ、綱をかけた杭は、大山《たいせん》だ」という意味か。なんとも壮大な話だ。「国引き神話」の一駒である。ただし、沃野づくりと見られるこの歌には漁民の顔が見える。

古代出雲で大きな干拓開発がおこなわれたことは、出雲に巨大古墳が多いことをみてもわかる。その開発の原点とかんがえられるような鎮守の森が、島根半島にある。

松江市の中心部から宍道《しんじ》湖沿いを西へ二キロメートルほどいくと、宍道湖と日本海を結ぶ運河がある。佐陀《きだ》川という。天明八年（一七八八）に宍道湖の水を日本海へ落すために掘られたものだが、その運河の途中に山があり、かつてはその山を分水嶺として、南の宍道湖と北の日本海の両方に川が流れていた、という。その分水嶺に佐太《さだ》神社の社叢がある。それが問題の鎮守の森だ。

この森から南の宍道湖と北の日本海にいたる川の両岸には、みごとな沃野が展開する。南側の沃野は、かつては宍道湖の一部だった。また北側のそれは恵曇陂《えとものつつみ》といわれる沼沢地だったという。

では、誰が湖や沼沢地を埋立てて沃野をつくったのか。

それは、この鎮守の森の所在する位置からいって、出雲の四大神のひとつであるこの佐太大神がかかわった可能性が高い。というのは、先の「国引き神話」の他のところに「闇見《くらみ》の国」と「狭田《さだ》の国」というのが出てくるが、現在、佐太神社の立地しているところはその境目にあたり、さらに、山の分水嶺に立って南北の宍道湖と日本海をも睨んでいるところから、佐太大神は、島根半島の要を抑え、東西南北の地域に君臨した古代の英雄とかんがえることができるからだ。鎌倉時代には、佐太神社の荘園が出雲大社に匹敵した、というほど人々に崇敬されたのもうなずけよう。

佐太神社の社殿は、三本殿が横一列に並んでいる。北殿にアマテラス、南殿にスサノオ、そして中央にサタ大神が祀られている。古色蒼然としている。その背後には、タブやシイなどの照葉樹林が鬱蒼と茂っている。

佐太大社の神奈備《かんなび》山（神体山）は朝日山とされる。その山麓の佐陀本郷字志谷からは銅剱と銅鐸がどうじに出土している。しかし少々離れている。

佐太大社の奥には神目《かんのめ》山がある。諸国の神々が集まって「神在祭《かみあり》」がおこなわれるとき、宮司らはこの山に登って「神送り」をする、という。その祭におこなわれる神能は、サタ大神と海蛇がともに舞うものである。「国引き」に、海蛇つまり海人たちがかかわった可能性を示唆する。

この佐太神社の鎮守の森は、いまでも、南の方、何キロメートルも離れた佐陀川上流の田園地帯の各所からよく見える。それは、古代の国土開発の「印《しるし》」のようにわたしには見える。

8　泥の海を日本海に流す――兵庫県出石町出石神社

山陰線の豊岡駅で電車を降りて、バスに乗り替え円山《まるやま》川沿いを南へ、中国山地に向かう。途中で円山川と分かれるが、かれこれ四十分ほどもすると、東西二キロメートル、南北三キロメートルほどの小さな盆地の入口に着く。停留所は鳥居という。出石《いずし》神社のかつての一の鳥居跡である。近くに集落がある。

そこでバスを降りて、一直線に東に向かう。

およそ七、八〇〇メートルいったところで、山林にぶつかる。そのあたりに宮内という集落がある。その北側に、出石神社の社叢がひろがる。

出石神社は『記紀』や『播磨国風土記』などによると、その昔、朝鮮半島からやってきた新羅の王子の天日槍《アメノヒボコ》の霊と、そのときにもたらされたといわれる八種の神宝とを祀っている。なぜここに、新羅の王子の霊が祀られているのだろう。

中世の戦乱でこの地方を支配していた山名氏の居城とともに出石神社が焼失した後、神社の再建のためにつくられた勧進帖のなかに、出石神社にアメノヒボコが祀られた話が記されている。

それによると、この出石小盆地から豊岡盆地にかけては、かつては満々とした泥海であった。たまたまか意図してかはともかく、この地にやってきたアメノヒボコは、出石町の奥の和田山町と夜久野町（京都府）の境界にある鉄鈷《かなとこ》山から鉄鉱石を採取し、麓の但東町畑で精錬した鉄製品を用いて、円山川の日本海河口の瀬戸というところの岩石を破砕したという。すると、湖の水は日本海に流れてしまった。おそらく、朝鮮半島に発達した技術によって、国土を開発したものであろう。あとに沃野が形成された。そこで人々は、アメノヒボコの業績を讃えて神社をつくった、とされる。

『古事記』に、伊耶那岐《イザナギ》と伊耶那美《イザナミ》の二神が天沼矛《あまのぬぼこ》で海をかきまぜたら、したたり落ちた塩から淤能碁呂《おのごろ》島という国土ができた、という神話があるが、それとどうよう、鉄の矛で岩石を砕いたものであろう。アメノヒボコの名もその矛から生まれたのではないか、とわたしはかんがえる。

なお、この伝承は生半可なものではない。なぜなら、いまでも国土交通省の幹部が関西に赴任したときには真っ先にこの出石神社に参る、といわれるからだ。アメノヒボコは国土開発の神であり、建設官僚たちは、みずからその事業の成功を願ってここに参るのである。

現在、社叢は二・二ヘクタール。スギやヒノキの古木で包まれている。そのうち〇・一ヘクタール、約三〇〇坪ほどの地は、江戸時代に「アメノヒボコ廟所」とされ「入らすの森」として、開発はもちろん一切立入りが禁じられた。いわば、この鎮守の森の「御神体」なのだ。

境内のなかに、大きな池がある。そこにたくさんの亀が泳いでいて、いつも子供たちを喜ばせている。この池を見ていると、ふとかつての湖が思い出され、いろいろの空想をかきたててくれる。

9 「湖の下に沃野がある」——京都府亀岡市請田神社

京都から国道九号線を西に向かう。丹波路である。

老《おい》の坂を越えると目の前に亀岡盆地がひろがる。「古い時代には亀岡盆地は湖だった」といわれるが、なるほど、湖がすっぽり入るような形をしている。

請田の土を取り除いたら湖がなくなった
（亀岡市請田神社）

江戸時代に書かれた文書に、こんな伝承が記されている。

昔、出雲からたくさんの神さまたちがやってきて、樫舟に乗って湖を覗きながら「この下に沃野がある」といった。そして神さまたちは、亀岡盆地が一望のもとに見渡せる黒柄山の神原というところに集まって相談した結果、現在の保津川の出発点にあたる請田《うけた》というところへ樫舟で出かけていって、鍬でそこの土を取り除いた。すると湖の水はみな保津川に流れ出て、後に沃野が生まれた、という。

そのとき、神さまたちが集まって相談した黒柄山の山麓に樫船神社が、土を取り除いた請田に請田神社が、使った鍬を集めたところに鍬山神社が、それぞれできたのだそうである。それぞれの神社はいまも存在している。

ＪＲ亀岡駅から線路沿いの道を東に進む。

年谷川という小さな川にぶっつかったところで、川に沿って北へ下る。線路を越えるとあたり一面は草っ原だ。ところどころに農地がある。ここは洪水が起きたときの誘水地帯なのだろう。目の前は保津川だ。

保津川小橋という小さなコンクリート橋を渡る。小型車がやっと通れるぐらいの幅しかない。しかし長さは五〇メートルほどもある。しかも手すりがないので、車で通るときはスリル満点だ。洪水のときには水面に沈んでしまう「潜り橋」だからである。

保津川を渡ったところで、また川に沿って幅三メートルほどの道を東へ進む。左手は崖で、シイ、カシ、スギ、モミジなどが鬱蒼と茂っている。右手は二、三列ほど竹が植わっていて、その下には保津川が流れている。竹の間からチラチラと川が見える。樹林が木陰をつくり川風が竹の間を渡って、真夏の真っ盛りだというのにここだけはひんやりとして涼しい。行き止まり道なので車も通らないから、この上なく快適な川沿いの緑の回廊だ。

突き当たりは、両側の山が屏風のように迫っている。亀岡盆地はここで終わり、保津川の急流はここから始まる。

そこに請田神社がある。無人の鄙びた社殿である。

突然、キャッキャッと声がするので川を見下したら、いましも保津川下りの船が眼下を通過するところであった。

10　国土開発のモニュメント——奈良県桜井市大神神社

奈良盆地の東南にある三輪山は、円錐形の美しい形をしていて、古来から多くの人々に愛されてきた。『日本書紀』に、この三輪山に関するひとつの説話が記されている。

孝霊天皇の皇女の倭迹迹日百襲姫《ヤマトトトビモモソヒメ》はこの三輪山の神の大物主《オオモノヌシ》の妻となるが、オオモノヌシは夜しか尋ねてこないので「一度あなたの顔を見たい」と訴える。

そこでオオモノヌシは、モモソヒメに小箱を与えて「見ても驚くな」という。モモソヒメが小箱を開けてみると、小さな蛇がはいっていた。モモソヒメは、約束を忘れて、大声をあげた。

すると、オオモノヌシは恥じて姿を隠してしまい、二度と現れない。そのショックでモモソヒメは倒れて、陰《ほと》に箸を突き刺して死ぬ。モモソヒメが死んだのを悲しんだひとびとは、大坂山の石を手から手へと手渡しながら運んで、モモソヒメのために大きな墓をつくる。それが、三輪山のそばにある箸墓である。

この説話をひとつの暗喩とかんがえると、次のように解釈することができる。蛇というのは川である。日本神話ではヤマタノオロチを始めとして多く蛇は川を意味している。ところで「それが小さい」というのは、奈良盆地に注ぐ川はみな短小河川だからだ。それを指摘されてオオモノヌシは恥入る。

一方、モモソヒメは湖である。しかも「鳥飛百十《トトビモモソ》」とかんがえられるから大きな湖であったろう。モモソヒメが死んだというのは、その湖がなくなったことを意味する。

実際、六〇〇〇年ほど前までは、奈良盆地はいまの「山の辺の道」あたりを湖岸とする一大湖であった。現在の奈良盆地の大部分は湖の底である。

ところが地質学的には、二五〇〇年ほど前に、ＪＲ関西線が通っている河内堅上《かわちかたがみ》駅付近で断層による大陥没が起きて水が流れだし、その水位が二〇メートルほど下がった、とみられている。

それでも湖は、まだ残っていたであろう。

しかし、現在、湖はない。地元には、「昔、河内堅上近くの亀の瀬に巨大な滝があった」という伝承があるが、もしそこに滝があってその滝を取ってしまったとすると、さらに水位は下がって湖はなくなってしまうことになる。いわば風呂の底を抜くようなものだ。

亀の瀬の近くに「風の神」を祭る龍田神社がある。さらに「鉄の神」を祭る金山彦神社がある。そういうところからかんがえあわせると、人間がここで鉄を精錬して工具をつくり、その工具で滝を取り除いた可能性が高い。

するとこの説話は、そのような大事業があったことをいまに伝えるメッセージであり、箸墓は、その国土開発のモニュメントではないか。

では誰がそれをやったのか。

それは、三輪山の神のオオモノヌシの託宣を告げたモモソヒメであることを、この説話は暗示している。だからこそ、ひとびとは、モモソヒメが死んだとき、その墓づくりに奉仕したのだ。

今日、大神《おおみわ》神社の社叢である三輪山は、千古斧の入らぬ照葉樹林である。それは代表的な神奈備山で、その山麓にある大神神社は、以後、わが国の鎮守の森の典型となったのである。

二　森が壊されていく――滋賀県安土町奥石神社

日本では、森といっても、たいがいは山にある。

山麓の森といえども、たいてい傾斜がついている。平地の森というものをおよそ見かけることがない。山ばかりの国だし、わずかばかりの平地もみな田んぼにしているから、しかたがないのだろう。

しかし、ときどき平地の森を見かけることがある。

そのひとつが滋賀県の湖東平野の真ん中にある老蘇《おいそ》の森だ。面積約五四ヘクタール。ふつうのゴルフ場の半分ぐらいの大きさがある。スギ、ヒノキ、シイ、サカキ、ヤブツバキなどが鬱蒼と茂っていて、昼なお暗い。

孝霊天皇というから、いまから一七〇〇年、あるいは一八〇〇年以上も昔になろうか。石辺の大連《おおむらじ》という人が沼沢地だったこのあたりに、マツやスギなどの苗を植えて一大森林地帯にした、という。大連は、百数十歳まで元気で長生きしたので、この森に「老いて蘇る」という名がついた。

JR東海道線の安土駅から南へ向かって二キロほど歩くと、新東海道線と国道八号線にぶっつかる。左折して国道沿いに東へ一キロほどいくと、前方に森が見える。老蘇の森だ。

ところが、ここで驚くべき光景を目にする。平行して走っている新東海道線と国道八号線が、その森

森が破壊されていく（滋賀・安土町奥石神社／中日新聞社提供）

を貫通しているのだ。大きな「緑の壁」に突入するかのように。

地元住民や神社関係者の反対を押し切って、第二次大戦後の混乱期に国道が、続いて高度経済成長期の真っ只中の昭和三九年（一九六四）に新東海道線が通ったためである。お陰で森は二つに分かれてしまい、面積が一割ほど減り、四六時中、新幹線の轟音が森のなかに轟き渡るようになった。

じつは、こういうケースは、鎮守の森においてはけっして珍しいことではない。全国で一〇数万ある鎮守の森の多くが、大なり小なり道路や駐車場などの整備のためにその土地を削り取られている。

とりわけ、それは平地の鎮守の森に著しい。そのうちに、わが国の平地の鎮守の森はなくなってしまうのではないか、ともわれるほどである。

老蘇の森の社殿の背後にある神域の森と相対していると、新幹線が通らないときには、森厳ということばがひしひしと身体に迫ってくる。多くの旅人がその神秘を体験したのである。

あづま路の思ひ出にせん郭公《ほととぎす》　老蘇の森の夜半のひとこえ

『後拾遺集《ごしゅうい》』にある大江公資《きみすけ》のこの歌にあるような自然との出会いを、これからどうやって子孫たちに伝えていったらいいのだろう。

12 「お祭り広場」の原型――香川県池田町亀山八幡宮

いまから三〇年以上も昔のことである。

昭和四五年（一九七〇）に大阪で万国博覧会が開かれた。その準備段階で、会場計画のお手伝いをしていたわたしは、あるとき会場計画委員から「万博会場を未来都市のモデルにしたいから広場をつくるように」という指示を受けた。

わたしは内心「日本には広場の伝統がないのにどうするのだろう」とおもって躊躇した。がしかし、ふと、前年の秋に見たある鎮守の森の光景が蘇ってきて、急に引き受けることにした。

瀬戸内海の小豆島の南の海岸をすこし上がった池田町の山の上に、亀山八幡宮がある。そしてその山麓に、小学校ほどもある大きなお旅所があるのだ。八幡宮は山の上にあるから、日常的には、ここが重要な祭祀の場となっているのだろう。

お旅所の真ん中に、一棟の建物と平地があり、その東側に巨大な石垣群がそそり立っているのが大きな特色である。その石垣群は、八畳敷きぐらいの「野外の桟敷」がひとつのユニットとなって、折り重なるようにして三〇〇ほども積みあがったものだ。高さ約二〇メートル。その背後に森の木々が見える。

これは、お祭りなどがおこなわれるときの「野外劇場」なのである。真ん中の建物が舞台で、その廻りの平地が平土間、そしてこの石垣群は桟敷席なのだ。毎年、近在の人々が賃料を払ってこの桟敷を借り切り、祭や農村歌舞伎などがおこなわれるときには、一家総出でお弁当などをもってきて、日がな一日、観劇と団欒を楽しむ。

ギリシアの野外劇場にも匹敵するほどの規模と迫力があるこのお旅所の「野外劇場」に展開する日本的光景は、なんとも微笑ましいものがある。

わたしは「これこそ日本の広場だ」とおもった。そこでその名を「お祭り広場」と命名して「これをモデルに万博会場に広場を設けたらどうか」と提案した。

命名と提案は受け入れられ、亀山八幡宮のお旅所を現代化したお祭り広場が、万博会場に実現した。その設計には、丹下健三さんとわたしが当たった。

そして一八〇日間の会期中、世界からさまざまのお祭りがやってきて、人々を楽しませてくれた。元来、工業博覧会だった万国博覧会が、芸能博覧会の様相を呈して人々を驚かせた。これも、日本ならではのことだろう。

いまも亀山八幡宮では、毎年一〇月一六日に盛大な「太鼓祭り」がおこなわれている。横堂といわれた舞台の建物はなくなったが、かわりに設けられた石の基壇の上で打ち鳴らす太鼓の響きが、石垣と森にこだましている。

13　ハダシで森のなかを歩く――千葉県一宮町玉前神社

森のなかをハダシで歩く、ということで評判になっている神社がある。千葉県長生郡一宮町というと、房総半島の東岸、九十九里浜のいちばん南の端にある。東京から外房線の特急に乗っておよそ一時間、上総一ノ宮に着く。東方二キロメートル先は、太平洋の波が房総半島を洗っている。西側には町が広がり、その町のなかに、山地から続く台地の先端に玉前《たまさき》神社がある。町を、そして遠く太平洋を見下ろすように鎮座している。

ご神体は、いろいろな伝承から「海岸に寄り来たった美しい玉」とされている。近くの銚子市の外川周辺から採れる琥珀か、あるいはアワビ貝だろう。いずれにしても海との関係の深い神社だ。上総の国の一宮として、昔から多くの人々に崇敬されてきた。

この神社の九月の祭りは、近くの東浪見海岸から神霊を迎えるものである。そのとき人々がハダカになるので「ハダカ祭り」ともいわれる。そのための神輿《みこし》が二基、それを迎えるための近郷の神社の神輿一二基がこの神社に集まってくる。そしてそれらの神輿は、拝殿と神殿の周りの玉砂利道を三周する。

あるとき神主さんのひとりが「ここは神域だからハダシで歩こう」と提案した。それ以後、神輿をかつぐ人々はみなハダシになった。

そうすると、ふだんお参りする人もみなハダシになって拝殿や神殿を廻るようになった。ハダシになって玉砂利道を歩いてみると、足の裏を玉砂利が適度に刺激し、またヒンヤリと冷たくて気持ちがいい。冬は靴下をはいている人もいる。

廻りをシイ、スダジイ、マテバシイ、イチョウなどの樹木が取り囲んでいる。森の気が漲っている。そのなかを歩き終わると、身が軽くなったような感じがする。それを伝え聞いて、お参りする人がますます増えるようになった。いまでは「玉前神社のハダシの道」として、すっかり有名になった。

靴でなくハダシで森のなかを歩くことは、木々の根っこを傷めず、土壌を損傷しなくていい。靴で土壌を踏み固めると、雨水が浸透しなくなり、空気が入らなくなるからだ。土壌生物は枯渇し、窒息してしまう。だから人間が森の中をハダシで歩くことは、森にとっては嬉しいことなのである。

すると、「神域だからハダシ」というのと「森だからハダシ」というのとが相い通じることに気がつく。「入らずの森」の意味もはっきりしてくる。つまり「神と森は同じもの」なのである。あるいは「神は自然」ということなのである。するとこれは「人と神あるいは自然」との共生の例といってよい。

こういう事例は、もっと広めたいものだ。

14 森のなかに川をつくろう——京都市賀茂御祖神社

昔、鎮守の森の多くは「○○の森」といった。しかし、今そういう呼称でよばれる鎮守の森は少ない。

日本の古い都である京都でも、かつては「石田《いわた》の森」「雀ヶ森」「塔の森」など五〇以上の森の名があったが、いまはすっかり忘れられてしまった。

そのなかでほとんど唯一といってもいいぐらい、森の名が残っていて実際にも森があるのが「糺《ただす》の森」である。

糺の森は、鴨川の上流で、高野川と加茂川の合流する三角州上にある。

森のなかに川がある（京都市糺の森）

祭神を玉依姫《タマヨリ》と大山咋神《オオヤマクイ》とする賀茂御祖《かもみおや》神社である。かつては「河合の森」と書いて「ただすのもり」と読んだ。ただすは「直澄《ただす》」すなわち「清らかな泉の湧き出る地」などと解されている。

糺の森は、森とよばれるだけあって、一キロメートル近くも続く参道は、明るい緑に包まれてたまらなく魅力的だ。常緑広葉樹のシイ、クスノキなどのほかに、ケヤキ、エノキ、ムクノキなどといったニレ科の落葉樹が多いからである。

鎮守の森というと、一般に暗いイメージを受けるが、糺の森がそうではないのは、このように常緑樹と落葉樹とが混交しているからだろう。

その秘密は、それらを支える豊かな林床《りんしょう》にある。ネザサやテイカカズラなどに覆われた森の土のなかに、落ち葉やセミの抜け殻などを始めとする動植物の遺骸やバクテリア、ミネラルなどがいっぱいあるからだ。

そしてこれらの生命の活発な新陳代謝を保証しているのは、森のなかの水、すなわち川である。

石川やせみのをがはのきよければ　月もながれを尋ねてぞすむ――『新古今集』

と、鴨長明が歌ったように、糺の森のなかには川が多かった。

いまも参道の東側を泉川が流れている。さらに上流には御手洗川《みたらし》、参道の西側にはこの歌にもある瀬見《せみ》の小川がある。そして長らくその所在がわからなかった奈良の小川も、平成三年（一九九一）からの発掘調査によって、ようやくその全貌が明らかになった。

遠からず糺の森には、これらの歌に歌われた川が、みな復活することだろう。

そして、糺の森はよりいっそう美しい森へと変貌していくだろう、とおもわれる。

二　山は水甕　森は蛇口──津軽の森と岩木山

1　「岩木山を見たい」

岩木山が見えますか？

ある日「岩木山を見たい」とおもった。思い立ったが吉日である。さっそく、弘前市内のホテルに電話する。

「もしもし、岩木山の見える部屋がありますか？」

「ええ、上のほうの階ならよく見えますよ」

すぐにその部屋を予約する。つぎにレンタカー屋に車の予約をしたあと、質問する。

「岩木山の一番よく見えるところはどこですか？」

「？」

「車で、そこへいってみたいのですが……」

「岩木山は、弘前市内ならどこからでも見えますよ」

多分そういうだろう、とおもった。地図を見ても、岩木山は津軽平野に君臨している。ほかに、並ぶべき山がない。だからレンタカー屋さんのいうとおり、どこからでも見えるのだろう。

だがそれでも、一番美しく見えるところがありそうなものだ。たとえば眺望所のようなところが。レンタカー屋さんは、多分、知らないのではないか。わたしは、少々、不満だった。

自分の岩木山が一番美しい

ある年の二月末、津軽平野に車を乗り入れた（図1）。冬にしては珍しくよく晴れた日で、レンタカー屋さんのいったとおり、岩木山はたいていのところからよく見えた。そして、眺望所などを探すより、岩木山に近づけば近づくほどその迫力がいや増すことを知った。じつに細かいところまで見えるのだ。それはまさに、驚くべき光景であった。

一応は写真で知っていたけれども、津軽平野から見るそれは、西の方、日本海を背にして屏風のように立ちはだかっている。その頂上は三つの峰に分かれている。先が尖っている。ちょっと恐ろしい感じさえ受ける。

それに、頂上の三分の一ぐらいは雪を置いて真っ白だ。

その下の広大な山腹は、茶がかったグレーの下に、雪の地肌が薄っすらと見える。茶がかったグレーはブナ群集だろう。岩木山はブナ林が多いはずだからだ。ところどころ色が淡いのはミズナラ群集か。それら落葉高木が、まるで羽毛のように山腹を覆っている。岩木山は巨大な羽毛のマントを着ている。

図1　津軽平野と岩木山

津軽平野から見る岩木山

さらにその下の裾のほうの前山に濃い緑が見える。スギ林に違いない。冬でも枯れないのだ。これは岩木山のスカートといっていいか。そのスカートの合間合間にも雪原が見える。

ふつうの山と違う岩木山の特色のひとつは、その山腹のひだの多さだ。頂から裾に向かって、右や左に幾筋も雄大なカーブを描いてそれらは流れている。下のほうにくると、裾山のせいか「八の字型」に分散していく。そのひだの割れ目のひとつひとつに、深い谷が刻まれている。

このような岩木山を、わたしは弘前市から岩木山へ向かう車のなかから飽かず眺めた。じつは岩木山は、周りのたいていのところから見える。だが、その景色が同じわけがない。わたしは「たまたま一番いいところから岩木山を眺めたのではないか」とひそかに満足した。

しかし、これはあとで聞いた話だが、津軽の人は「自分の住んでいるところから見える岩木山が一番美しい」とみなおもっているそうである。だから、酒の席でその話題が出ると喧嘩になるそうだ。

太宰治は、津軽平野の北、津軽半島の金木町の出身だが、そこから見える岩木山はひとつの峰でしかない。それでもかれはこう書いている。

「ヤ!富士。いいなあ」と私は叫んだ。富士ではなかった。津軽富士と呼ばれている一千六百二十五米の岩木山が、満目の水田のつきる所に、ふわりと浮かんでいる。実際、軽く浮かんでいる感じなのである。したたるほど真蒼で、富士山よりもっと女らしく、十二単衣《じゅうにひとえ》の裾を銀杏《いちょう》の葉をさかさに立てたように、ぱらりと開いて左右の均斉も正しく、静かに青空に浮かんでいる。――『津軽』
太宰治は、弘前からみえる「重い岩木山」より、金木から見える「軽い岩木山」を愛したのである。

岩木山神社の上に岩木山

車を走らせて岩木山神社に着いた。岩木山の東南にある。

そして正面の鳥居の前に立って驚いた。

雪道が西北のほうに向かって一直線に上がっていく。その上を、両側からスギがトンネルのように覆っている。なかに、二の鳥居、三の鳥居が見える。突き当たりは遠くてよくわからないが、たぶん社殿だろう。そして、それらすべての上に「白い入道雲」が、お化けのように覆いかぶさっているのである。

岩木山神社参道の上の岩木山（青森・岩木町）

一瞬、なぜそこに入道雲があるのか、わからなかった。

だがすぐに、

「岩木山だ」

と、わかった。

岩木山神社の真上に岩木山があるのだ。白い雪道と、赤い鳥居と、緑の森と、そして青空をバックに真っ白の岩木山が。これは、なんという演出だろう。しかも、三つの峰が、ちょうど「山の字」に見える。岩木山神社の上に「山」という字が書かれているのである。

これほど鎮守の森と山との関係を明確に示す光景を見たことがない。わたしは、しばらく足が止まってしまった。

2 山は水甕　森は蛇口

御神水

参道の深い雪に足をとられながら、緩やかな坂を上がっていく。参道の両側は雪の壁である。その雪の壁にはいくつも脇道があけられている。それは、社務所へゆく道であったり、集会所の小道であったりする。

いちばん最後の雪の脇道に人がつぎつぎとはいっていくので、わたしもはいってみた。するとそこに雪に埋もれた手水舎《てみずや》があった。

グレーの大きな切石を積み上げた立派な手水舎だ。上に「御神水」と書かれた標識が立っている。御幣《ごへい》が掲げられている。その御幣が掲げられた大きな切石の上下五つの口から、下の石の水槽に向かって、水が滝のようにほとばしりでている。廻りの雪を、振り落とすような大きな音を立てている。わたしは、しばし、その水流の激しさに見と

5つの口から流れる岩木山の御神水
（青森・岩木町岩木山神社）

れた。

ところがそのそばに、大きな赤いポリタンクで水を受けている人がいる。それもひとつではない。いくつもポリタンクをもっている。そばで順番を待っている人もいる。みな水を貰いにきているのだ。わたしは「水を貰うのはいいが、赤いポリタンクは少々無粋だな」とおもった。さらによく見ると、その切石の上に、二つ三つ、赤や黄色のゴミ屑のような箱が目についた。「御神水を汚しているではないか」とおもって水を受けている人に注意した。

すると、その人は教えてくれた。それはゴミではなかった。小さなビニールの箱にはいったお酒だったのだ。誰かが、この手水舎に供えていったものだろう。

山は水甕　森は蛇口

禰宜《ねぎ》のSさんにお会いして、いろいろお話を伺った。

さっそく御神水のことを尋ねると、この社にかぎらず、岩木山の標高二〇〇メートルぐらいのところには、たくさん泉があるそうである。岩木山の廻りにある多くの神社の手水舎の水も、みなこの泉に拠っているのだそうだ。

それだけではない。昭和四三年に地元の岩木町は、この岩木山の数ある沢のひとつの一本木沢から湧水をとって、これを水道として全町の水をまかなっているそうである。さらには、町外にまで配っているという。

また、弘前市内に酒屋が何軒もある、ということだが、それらもみな岩木山の伏流水に拠っている。

さらに日本酒だけではない。洋酒のニッカ・ウヰスキーの工場も弘前市内にはあるそうだ。

このように見てくると、岩木山はこの津軽平野の一大水源である。あるいは巨大な貯水タンクといってもいい。「大きな水甕」なのだ。

調べてみると、岩木山の廻りには百近い鎮守の森がある。それらは、みなその「水甕」の水に拠っているのである。

だいたい、岩木山の伏流水が地上に出てきて泉となるところに鎮守の森がある。そもそも鎮守の森は、泉のあるところに立地したものだろう。すると、鎮守の森が水の供給所になるのも当然だ。近在の人々が鎮守の森に水を貰いにくるのは、

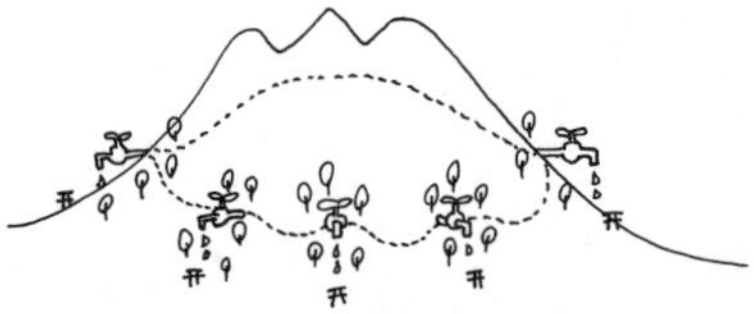

図２　山は水甕　森は蛇口

ごく自然なことなのである。

そんなことを、かんがえつづけていたわたしは、つぎの日の朝、ホテルでふと「山は水甕、森は蛇口」ということばが口をついて出た。「そうだ。森は岩木山という水甕の蛇口なのだ」と。

しかし、水道の出口を「蛇口」とはよくいったものである。なぜなら、日本の説話などでは川はいつもヘビにたとえられるからだ。その伝でいけば、水道の出口が「蛇口」であるのもうなずける。そして、自然水が流れてくる鎮守の森の泉は、まさに「蛇口」でなければならないのだ。「これが鎮守の森と山との関係か」そうおもうとたまらず、わたしはホテルの便箋に絵を描いて一人ほくそ笑んだ。

3　山の神がなぜ田の神になるか？

　つぎの日、わたしは弘前市役所のKさんたちに、弘前市内を車で案内してもらった。どの道もきれいに除雪されていた。

マナゴヨミ

「二、三日前にもだいぶん降ったけれど、すっかり除雪しました」

とKさんは話してくれた。

しかし、雪の津軽に来て雪のないのはちょっと寂しい。そこでわたしは少々期待をこめて、

「今夜あたりは、降りませんか？」

と尋ねてみた。

「降らないでしょう」

とKさんはいったあと、

「降ると、除雪がたいへんなんです。除雪費が、年間七億円もかかるんです。わたしたちは冬になると、雪が降らないか、降らないかと、いつもハラハラしてるんです」

これには参った。わたしたち観光客は身勝手なものだ。雪を見たあと、またすぐ飛行機で暖国に帰ってしまう。

「だが待てよ。雪は、いつもそんなに邪魔者なのか」とわたしはおもった。そこで、Kさんと一緒に

弘前市の図書館にいっていろいろ調べてみた。

その図書館で、マナゴヨミということばを見つけた。山に残る雪の形を見て農事の目安にする風は、全国の雪国のどこにでもある古くからの農村習俗だ。それを津軽ではマナゴヨミ（目の暦）という。

四月中旬、岩木山の中腹の御倉石とよばれる瘤《こぶ》の下に、残雪が「スキを横から見た形」に見えるときは「田打ち桜が咲く」という。田打ち桜はコブシやモクレンのことである。

つづいて「苗取りジッコ（爺）」の姿が見えると「苗取りのときがきた」のだそうだ。

また「苗を背負って運ぶモッコ」の形に見えるときは「田の粗掻《あらか》き」すなわち田の土を起してならす。モッコの下の雪が消えて苗がはいったように見えると「田植え」にとりかかった。

その時分になると、子供たちは、

急げ　急げ　田植えを急げ
お山のモッコさ　苗ッコはいった

と歌って歩いた、という。

それだけではない。岩木山麓では「アワを蒔《ま》くのはカッコウが鳴いてからでなければならない」といわれる。そうでないと、アワは虫に食われるのだそうだ。だからカッコウのことをアワマキと呼ぶ。

ウツギは、日本の山野にふつうに生えていて、五、六月ごろ、白い五弁の壺状の花を咲かせるが、この岩木山麓にも多い。そしてこのあたりでは「ウツギの花がよく咲く年は豊作だ」という。

岩木山は農民のものばかりではない。岩木山にはよく雲がかかるが、漁師たちは、岩木山にかかる雲の姿や形を見て凪《なぎ》や時化《しけ》を判断する。

また沖に出たときには、いつも岩木山を見て自分のいる位置を知る。

さらに魚場や魚の群れの通る場所なども、岩木山を観測して、つまりヤマアテの手法をもちいて把握する。「魚群探知機があるではないか」といっても、漁師たちは「魚群探知機よりも岩木山のほうが精度が高い」というのだそうだ。

このように、岩木山は、津軽の人々にとって「暦」であり「気象台」であり、さらには「方向探知機」でさえある。

そのなかで、雪は、とりわけ重要な役割を果たしてきたのだった。

山の神がなぜ田の神になるか

民俗学者の柳田國男は、

春は山の神が里に降つて田の神となり、秋の終わりには又田から上つて、山に還つて山の神となるといふ言ひ伝え、是はそれ一つとして何でも無い雑説のやうであるが、日本全国北から南の端々まで、さういふ伝への無い処の方が少ないと言つてもよいほど、弘く行はれて居る――『先祖の話』

といって、このような「神観念」をかれ自身の民俗学の根幹に据えている。

のち、この神観念は日本民俗学の基本認識となり、そのテーゼの上に日本民俗学は発展してきた、といってもいいぐらいだ。

わたしもまた、この考えに興味をもっていたが、岩木山に来て、その本当のわけがわかったような気がした。

つまり、こういうことだ。

ここ岩木山では、神さまというのは水とかんがえられているのではないか。水は、冬、雪となって岩木山にある。春になったら溶けて里に流れだす。そして田んぼを潤す。田んぼを潤したあと水は日本海に流れる。その日本海の水は水蒸気となって海上に立ちこめるが、一〇月になると早くも大陸からやってくる寒気団によって雪となり、また岩木山に積もるのである。

毎年々々繰り返されるこういう日常の素朴な自然観察から、津軽の人が「水を神さま」とかんがえるようになったとしても不思議ではないだろう。

そうすると、手水舎の水が「御神水」と記されているのも、よくわかる。その御神水で人々は禊ぎをする。禊ぎは「身滌《みす》ぎ」の略といわれる。水で身を清めることであろう。それは神さまに、直接、触れることである。そして、神さまの力で身を清める。祭のとき人々は禊ぎをするが、じつはそれこそが、祭の核心ではないか、とおもわれるのである。

柳田は、このような神観念は「日本全国で広くおこなわれている」と指摘するが、とりわけ、雪国の岩木山のようなところに、そのもっとも素朴かつ典型的な姿が見られるのではないか。

ただ、柳田はここで「神さまは海にいかれる」とはいっていない。しかし「神さまは海の彼方にいらっしゃる」という観念は、沖縄を始めとして南の島々に強い。本州や九州・四国でも、海に向かって祭礼などをおこなう鎮守の森はたいへん多いのである。

だからといって、山の神と田の神にさらに海の神を加えて日本人の神観念としよう、と簡単に決めてしまうわけにもいかないだろう。そのあたりは、なおミッシング・リングであるが、わたしにはたいへん魅力的な考え方におもえる。「山と海をつなぐ鍵」を探すことは、これからの民俗学のひとつの大きな課題になるのではないか、とかんがえるのである。

4　鬼とアテルイ

巌鬼山神社と千年スギ

岩木山は、昔から津軽の神さまとして住民によって祭られてきた。その住民の信仰のためであろう。江戸時代に書かれた『岩城山古記』によれば、いまから一二〇〇年以上も昔、宝亀一一年、西暦でいうと七八〇年のころ、山頂に社殿がつくられた、という。

もしこの記述が正しければ、それは、奈良の春日大社の創建とほぼ同じころではないか、とおもわれる。『皇年代記』には春日大社の創建は神護景雲《じんごけいうん》二年（七六八）とあるが、実際にはそれより一〇年ぐらい遅いと見られるからだ。このころ、全国に社殿造営ブームが起きたとかんがえられるからである。

また、この年は、元蝦夷《えみし》の国王の伊治公呰《あざ》麻呂が、陸奥の国の鎮守府副将軍の紀広純《ひろずみ》を殺している。それは、以後、文治五年（一一八九）に奥州藤原氏が滅ぶまでの四〇〇年間、東北の動乱と、つづく「東北王国」の成立およびその解体の始まりを告げるものであった。

さて、その社殿は誰がつくったかわからないが、その後それが荒廃したためか、岩木山神社の「縁起」によれば、延暦一九年（八〇〇）に征夷大将軍の坂上田村麻呂がこれを再建した、という。坂上田村麻呂か、あるいはその部下によるものかはともかく、山頂を奥宮とし、山麓に遙拝所として下居《おりい》宮をつくったそうである。津軽の住民の慰撫のためであったろう。

しかし、その下居宮からの登拝に遭難者が相次いだので、寛治五年（一〇九一）には神託によって、いまの百沢《ひゃくざわ》の地に移った、とされる。わたしは、それには噴火の影響もあったのではないか、とおもう。岩木山は現在でこそ活動を休止しているが、江戸時代には二〇回も大噴火を記録しているからだ。

その下居宮、つまり旧岩木山神社は、現在の巌鬼山《がんきさん》神社である。周りを巨大なスギ林が取り囲んでいる。なかに千年スギがある。以上の伝承を裏付けるかのように長命な巨木だ。

ここで、わたしは、岩木山の名前は、もとは巌鬼嶽（「十三往来」貞治三年）あるいは岩鬼山から来ていることを知った。「木」ではなく、もともとは「鬼」だったのだ。

そういうことをかんがえているとき、巌鬼山神社の近くに鬼神社があることを知った。

鬼神社の逆水

早速、鬼神社に参る。たまたま「七日堂神賑祭《しんじん》」という祭礼の真っ最中だった。一年の農事の豊凶を占う祭だ。そこで、招かれるままに、神事のおこなわれている集会所に上がりこむ。それは、まことに素朴なムラの祭だ。長さ一丈あまりの柳の大きな枝にたくさんのお札やお守りをぶらさげ、それを神主が掛け声もろとも三度振り下ろす。そのとき、お札やお守りが落ちなければ、その年は豊作なのである。三、四〇人いた人々は、みな真剣な眼差しで見つめていた。

お札やお守りは落ちなかった。

そのあと、わたしは、鬼神社という名前といわれを知った。

昔、この沢には水がなかった。弥十郎というひとりの男が、新田を開発したが水がない。たまたま弥十郎は、いつも山からやってくる大人《おおひと》、つまり大男と仲良しになった。そこで、その大男に窮状を訴えた。それから何日かたったある日、急に沢に水が溢れだしたのである。

驚いて弥十郎は、その大男に尋ねた。大男は、

赤倉嶽の深谷で、数丈ある滝口の大石数百個を砕き、デコボコしたところを均し、水に勢いをつけて、一気にここまでもってきた。

といった。そして大男は、人々に姿を見られることを恐れて山に去っていった、という。

人々は、水の流れが逆になったこの赤倉堰を逆堰《さかさぜき》とよび、集落の名前を鬼沢に変え、そして、鬼が残していった鍬をご神体として鬼神社を建てたのだそうである。つまり「その大男が鬼である」という

わけだ。人間技でないその仕事を、人々は「鬼の仕事」とおもったのだろう。

ところで、この鬼について「延暦二一年（八〇二）に殺されたみちのくの首長のアテルイの一族だ」という説（沢史生「大人の逆水」）を、わたしは、鬼神社の資料で読んだ。

これはたいへんなことになった、とわたしはおもった。もしそれが本当なら、坂上田村麻呂の蝦夷戦争は、ここ津軽にまで及んでいるのだ。

その翌日、わたしは弘前で、円乗淳一という人の書いた『エミス　アテルイ』という小説を買った。「蝦夷《えみし》のアテルイ」ということである。

アテルイと「水陸万頃の地」

坂上田村麻呂の蝦夷攻略にたいして英雄的に戦い、最後は、坂上田村麻呂の勧めに従って降伏した蝦夷の国王は、その約束に反して、とおもわれるが、河内の国で処刑されてしまった。これは『続日本紀』などに記された史実である。

一方、この小説によれば、アテルイには、降伏と引き換えに蝦夷の女三〇〇人と男一〇〇人および子供たちが北へ脱出することを許されている。それを率いたのが、アテルイの親友マムである。だが、その行先は、小説でも触れられていない。

かれらが果たして、岩木山までやってきたがどうかは実際のところわからない。が、もしそうかんがえる推理が成立するとしたら、唯一の傍証は、この逆堰に見られる土木技術の高さであろう。というのは、かれらのその本拠地胆沢《いざわ》は「水陸万頃《まんけい》」といわれた沃野であったからだ。

その沃野が拓かれたのは、相当に古い。旧胆沢郡水沢市の常盤で弥生時代末の住居址が発掘されているが、そこから稲籾の押された痕のある土器が発見されているからだ。いまからおよそ一七〇〇年昔のことである。

しかもここには「胆沢の淡海」があった、とされる。その淡海を干拓して「水陸万頃」をつくりだしたのである。事実、一五〇〇年前ごろには、胆沢町の角塚に高塚古墳が築かれている。これは王族階級に許された葬制だ。ヒトコノカミという国王の名も伝えられている。とすると、この高塚は、大土木事業のモニュメントと見られるのである。

そういう土木技術をもってかれらが岩木山にやってきたとしたら、逆堰をつくることなどいとたやすいことだったろう。

5　弘前城から岩木山を見る

岩木山の正面はどこか？

「岩木山はどこから見るのが美しいか」ということについては、前にも述べたように、津軽のひとも侃々諤々《けんけんがくがく》である。

先の柳田國男は、津軽半島の十三湊《とさみなと》にやってきて「十三から遥かに望む岩木山に勝る山はない」といったそうだ。

また、太宰治の「十二単《じゅうにひとえ》」と対照的に、岩木山から西北の方向にある鯵ケ沢の漁港から見る岩木山の眺望は男性美の極致といわれる。そこには日和山があって岩木山の遙拝所になっている。岩木山の形をしたたくさんの石が奉納されているそうである。だが、わたしがいったときには、生憎と閉鎖されていて見ることができなかった。かわりに漁港の真上の丘にある白八幡宮に立ってみたが、空が曇っていて岩木山はよく見えなかった。ただそこには漁師たちが奉納したたくさんの絵馬があって、なかに岩木山が多く描かれているそうである。

さらに「岩木山の正面はどこか」という地元の論争があるそうだ。そのばあい黒石城跡の御幸公園から望まれるしたたるような秀麗さがよく引きあいにだされる、という。

しかし、岩木山の正面といえば、格式の高さからいってもやはり弘前城の旧本丸から見るそれだろう。本丸の松並木を額縁として、眼下に西濠、それを覆う松林、その先にずっと津軽平野が見える。そしてその先に岩木山があるのだ。

岩木山には名前のついた沢だけでも二三もある、というが、そのうちの一〇本ほどが見えるのである。

津軽為信は魂を岩木山に置いた　　その景色を楽しんでいたとき、案内してくださったKさんが、

「真正面に森が見えるでしょう。あれは革秀寺という寺の森ですが、そのなかに、初代弘前城藩主の津軽為信公の霊廟があるのです」

といった。なるほど真正面どころか、岩木山の直下に森が見える。すると、ここから岩木山を遙拝することは、津軽為信公を遙拝することになる。

津軽為信は英邁な殿様で、戦国状態だった津軽平野を統一し、弘前に城を築いて大きな町をつくりあげた。津軽のいわば建設者であり、創造者であり、恩人である。

その墓が、岩木山と同じ方向にあるのだ。つまり為信は、自分の魂を岩木山に置いたのである。

津軽の隣り、同じ青森県の南部には恐山《おそれ》がある。南部地方の人たちは、

死ねば、魂コ恐山に行ぐ

と、信じてきた。

岩木山山麓の墓地(弘前市革秀寺)

しかし、岩木山については、このような死霊にまつわる話はないが、「山は霊魂の帰着点である」とする日本人一般の霊魂観は津軽にもある。あるどころか、朝な夕なに岩木山を仰ぎ見ているのであるから、そういう意識は他の地域より強いだろう。津軽の人・津軽為信が、真っ先に実行してみせたのを見てもわかる。

夕暮れ、革秀寺の森を訪れた。それは岩木川を越えたところにあった。目の前に、津軽平野をつくった岩木川が流れ、後ろには岩木山が控えている。そこに為信公が眠っている。「何と幸せなことだろう」とおもった。

しかし、それは為信公ばかりではなかった。革秀寺の背後には大き

な一般の墓地があったのである。

昔、日本人は、死んだ人の骸を多く山の麓に葬った。魂が山に帰るようにである。ここ津軽では、いまもそういう風がおこなわれているようである。

三　火がつくった国土――伊豆の森と山と島

一　太陽の国

日本列島の太平洋岸には、黒潮にむけて突出する大きな岬が多い。
西から順に、九州南端の佐多岬、ついで都井岬、四国にわたって足摺崎と室戸岬、紀伊半島の潮の岬、志摩半島の大王崎、伊勢湾をわたって御前崎、伊豆半島の石廊《いろう》崎、房総半島の野島崎、利根川河口の犬《いぬ》吠《ぼう》崎といったぐあいである。

このなかで「突出する」という意味の古語である「出ず（イズ）」をそのまま国名としている国がある。伊豆の国だ（図1）。

もっとも伊豆の語源には、ほかに「出湯（イズユ）」説、アイヌ語の岬を意味する「ｅｔｕ」説、変わったところではインドシナ半島の東南端のチャム語の岬「.ｉｄｕｎ」説などいろいろあって、定説を見るまでにはいたっていない。

しかし、地図でみるかぎり、伊豆半島は、これらの岬のなかでも、太平洋に向かって、きわだって突出している。ヴォリュームはさほどないが、その形は、まるで黒潮にたいして砲口を突きつけるかのようだ。

その姿はまことに果敢でさえある。

石室神社は太陽を拝む

伊豆半島の先端の石廊崎のそのまた先端に立つ。空が青く、沖は波静かである。

しかし、ここはつねに風が吹き荒れている。波が狂ったように巨大な岩壁を叩いている。その岩壁の先端の海岸洞窟のなかに、石室《いろう》神社がある。

海上安全の神として古くから漁民や航海民の信仰を集めてきた。たとえば、拝殿をささえる土台は帆柱といわれるが、これは、江戸時代に嵐にあって助かった千石船の持主が寄進したものだそうである。

この石室神社のように、日本の岬にある神社は、一般に、海上安全をつかさどる神が多い。その「岬の神」のヤシロは、たいてい海岸洞窟のなかにある。

図1　伊豆半島の主な神社

というのも、岬はどこでも岩山だからだ。岩山だから、何百万年ものあいだ潮流に削りとられずに残ってきた。ただし岬の風が強いために、ふつうヤシロはその岩山のなかの洞窟に鎮座している。

さて、帆柱の上に乗っかっている拝殿の奥には神殿がある。神殿といっても、洞窟の壁に木製のミニチュアの社殿がかかっているだけで、ふつうの家の神棚ていどの簡素なものだ。

たしかに、狭い洞窟のなかでは、りっぱな神殿など望むべくもない。しかし、どうもそれだけが簡素さの理由でもなさそうだ。こういう岬のヤシロでは、神殿といい、あるいは御魂代《みたましろ》などといっても、創建当初からあったわけではなく、あとになってつくられたものが多いからだろう。そして、もとは洞窟そのものが拝殿であって、神殿はなかったとおもわれる。

石室神社の若い神主さんは、毎朝、本殿を背にして東の海を遙拝する、という。水平線のかなたにあるものは伊豆の大島である。その伊豆の大島から太陽が上る。すると、海上に立ちのぼる太陽がご神体ではないか。宮崎県の日南海岸にある鵜戸神宮を始め海岸洞窟にあるヤシロというものは、だいたい、そういう構造になっているようだ。

ではなぜ太陽なのだろうか。

数年前、沖縄である漁師が、わたしに語ってくれたことばをおもいだす。かれはこういったのだ。

「わたしたち漁師にとっては雨はまったく必要ない。それどころか危険きわまりないものだ。海は一年中、天気であってくれればいい」

本土の漁師の多くは半農半漁であるが、沖縄には専業漁師が多い。専業漁師は近代的な装備の船や高度な操船技術をもっているが、それでもなお太陽は命なのである。

海辺の聖地において、太陽がご神体となるわけだ。

2 寄りくるカミガミ

ある夏の朝、東海道新幹線を熱海駅でおりる。

海側の駅前広場に立つと道は広場の左と右にわかれる。左をとれば伊豆山温泉、右は熱海温泉である。広場に立ちこめる温泉マンジュウの匂いを嗅ぎながら、道を右にとる。

熱海温泉の繁華街を歩くことおよそ一〇分で、熱海市役所の前にくる。その先を右、すなわち山手にはいって五、六分も歩くと東海道線にぶっつかる。右の小径をとってガード下をこえると、正面にこんもりとした小さな森があらわれる。奥に鳥居がある。このあたりで有名な来宮《きのみや》神社だ（四頁写真参照）。

熱海来宮神社の楠は船の目印

湘南海岸から伊豆半島にかけては、キノミヤという名の神社が多数ある。ただし、発音はキノミヤでも、キという字にはいろいろの漢字があてられる。多いのは、木、貴、来、黄、紀伊などである。

このキノミヤ神社の発生については諸説がある。

境内にある楠などの大木を神木とする「木《き》の宮」説、酒や小鳥などを飲食することを禁忌とする「忌《き》の宮」説、それに「寄来る神」すなわち漂着神を祭る「来《き》の宮」説などである。

そのなかで「木の宮」すなわち木をもつ神社は全国に多く、また「忌の宮」が意味するなんらかの禁忌をもつヤシロも少なくないが、珍しいのは「来の宮」の漂着神説だろう。

この熱海のキノミヤも、祭神は五十猛命《イツタケル》・大己貴命《オオナムチ》・日本武尊命《ヤマトタケル》としながら、一方では、ご神体を海から流れついたボク、すなわち木の根っことしている。それが和銅三年（七一〇）というから平城京ができた年である。たいへんに古い。

いまでも、その例祭のコガシ祭のときには神輿《みこし》が近くの大浜海岸まで渡御するが、そこは、かつて漁師がボクを網にかけたところだからだ。その神像のようにみえるボクを拾い上げて、田の畔の松の下に麦こがしを供えて埋めておいたところ、その夜、漁師の夢のなかにイソタケルがあらわれて、

波の音が耳ざわりなので、西のほうの楠の木の下に祭ってくれたらこの里を永く栄えさせよう。

といった、というのがこの宮の起源とされる。ボク、すなわち高さ二七センチメートルの神像がそれである、と民俗学者の木村博は紹介する。

そのボクが関係するのかどうか、境内にはクスの大木が二本ある。国の天然記念物になっている。相模湾の沖をゆく舟は、昔からこのクスを航行の目印にした、という。しかし、いまはＪＲ線にかくれて見えなくなってしまった。

社殿は南を向いて建っており、したがって人々は北を拝む。

その社殿の三キロメートル先には、このあたりの漁師のヤマになっている岩戸山（七三四メートル）

がある。昔はこの社殿からよく見えたそうだが、いまはその前に小学校が建って視線がさえぎられてしまった。

八幡宮来宮さんは酒好きの神

熱海から伊豆半島東海岸を走るJR伊東線、ついで伊豆急行線に乗りついで、伊豆高原駅でおりる。

その駅の裏山一帯を八幡野という。

その一角、駅からおよそ一キロメートルほどのところに八幡宮来宮神社がある。祭神は誉田別命《ホンダワケ》・伊波久良和気命《イワクラワケ》とされる。ホンダワケは応神天皇であるから八幡神といっていいが、するとイワクラワケがキノミヤの神だろうか。もとは、別々の神さまだったようである。

古記録によると、八幡神は元来この地の地主神であった。八幡野という地名もそこからきている。

ところで、地元にはこう説話が残されているそうだ。

昔、イワクラワケが瓶にのって八幡野の港の近くの金剛津根に漂着した。人々はその神を海岸の洞窟に祭ったが、のち内陸に遷し、さらに現在地に遷した、という。

遷した理由は「この神は酒好きで、ために舟待ちする船頭たちがこの神といっしょに酒に酔いつぶれて舟が出せなくなり、みなが困ったので、海の見えないところに祭るのがよい、と人々がかんがえたためだ」という。

しかし、祭のときには、海岸まで神輿《みこし》でやってくる。

そのさい素朴な「御舟御浜」の神歌が歌われ、海岸で仮宮をつくって一泊し、盛大な祭典をくりひろげるそうだ。

なお海岸の洞窟は、いまも「堂の穴」とよばれ、稲荷などの小祠や多数の石仏があり、このあたりの聖地となっている。

ヤシロの境内の社叢は、国の天然記念物に指定されているが、とりわけリュウビンタイは自生の北限とされて珍しい。また、樹齢一〇〇〇年を超えるような杉の大木が数本ある。

なお社殿は海ではなく、東北の内陸側を向いている。したがって拝む方向は西南である。その先には伊雄山（四五九メートル）がある。ただし、神体山であるかどうかは、いまではわからない。

河津来宮さんは酒が飲めない

ふたたび、伊豆急行に乗って河津までゆく。

海岸ぞいの駅裏から山手へ八〇〇メートルほどはいったところ、河津川のほとりに、杉鉾別命《スギホコワケ》神社、別名「河津町の来宮さん」がある。

祭神はスギホコワケであるが、相殿としてイソタケルと少彦名命《スクナヒコナ》が祭られている。

ご神体は長さ三〇センチメートルほどの、これも木製の神像とされるが、じつは宮司さんもご覧になってはいない。当社に伝わる縁起によれば、昔、海から渡ってきたものとされる。

この神さまも酒好きで、ある日のこと、酒を飲んで酔っぱらって野原で寝ていたところ火事にあい、危うく焼け死ぬところを小鳥の大群があらわれて、羽から水滴をたらして危急を救ったのだそうである。

境内にある大楠（静岡・河津町杉鉾別命神社／国指定天然記念物）

そこで、このヤシロの祭礼時には「酒精進」「小鳥精進」が守られる。つまり酒を飲んだり、小鳥を捕ったりすることが禁じられるのだ。

このヤシロにも、りっぱなクスの大木が数本ある。昭和一〇年に国の天然記念物に指定されている。

なお、古記録によれば、先のご神体を海のほうに祭ると舟が進まなくなるので、山のほうに祭ったのだそうである。

じじつ、神殿は山のほうに建っていて海からは見えない。

しかし、神殿を拝むと、その内陸五キロメートル先に、このあたりで形のいい鉢の山（六一九メートル）がある。つまり神殿を参拝することは、鉢の山を遥拝することにつながる。

宮司さんの話によると、その鉢の山からは海がよく見え、また、海からも鉢の山がよく見えるそうである。

キノミヤは神体山をもっている

さて、以上の三つのキノミヤのヤシロには、共通したところがいくつかある。

まず、どのヤシロも漂着神説話をもっている。つまり「寄来《よりく》る神」を祭っていることだ。「来の宮」説を地でいっている。

第二に、しかしながら、ヤシロはいずれも海岸のそばには立地せず、少々内陸にはいっている。その理由として、潮騒禁忌や酒禁忌などがあげられる。すなわち、神さまが潮騒や酒を忌避する、あるいは酒による失敗を忌避するのである。「忌の宮」説である。

しかし、ほんらい海から来たはずの神が、なぜ潮騒を忌避するのか、あるいは神さまの酒好きはしかたがないとしても、どうして神さまともあろうお方が、そんな人間のするような失敗をするのか、不思議である。

すると、潮騒忌避や酒禁忌、つまり「忌の宮」説はたんなる方便に過ぎず、なにかもっと深い意味がありそうだ。

わたしは、これは単純にヤシロの進化過程ではないか、とおもう。すなわち、はじめ海辺の浦で祭られていた神が、やがて浦人の内陸開発、内陸移住に従って、内陸一帯を支配する里の神へと進展したということだ。沖縄には、小さな浦や離島の住民が、広い土地に移住し、結束して成功する成功譚がたくさんある。日本の神さまがよく動くのも、けっきょくは、このように人間がよく動くからだろう。

さて第三に、そこには、かならずクスのような巨木が存在している。その巨木は、元来、海からよく見えるものであった。この点で「木の宮」説も首肯できる。

ここまでは、キノミヤにかんする従来までの諸説でよく説明できる。

ところが第四として、いずれも社殿の参拝方向に、神体山あるいは神体山とおぼしき有力な山のあることだ。そして、それらの山からは海がよく見え、また海からもよく見える。ために、その山は近海の漁師の「当山《あてやま》」つまりヤマダテのときの目標になっている。

つまり、神さまが海岸洞窟からはなれて内陸にうつられたとき、クスなどの大木のほかに「海からのランドマーク」となる山がある、ということだ。そのアテヤマを媒介として、内陸に立地するヤシロは、なお海との関係を保つことができるのである。

ともあれ、このように三つのヤシロの共通点をみてゆくと、いずれもヤシロと海、あるいはヤシロと漁師たちのつながりの深さというものを知ることができる。むしろ、これらのヤシロは、漁師たちによって作られ、守られてきた、といっていいのではないか。

以上のように、海岸ぞいにあるキノミヤのヤシロは、いろいろの形で海との関係を維持している。しかし、このようなことは、キノミヤにのみかぎられたことだろうか。海岸ぞいにある他の多くのヤシロはどうなっているのだろう。

さらに、内陸の奥深くに立地するキノミヤをはじめとするヤシロも多数ある。それらのばあいでも、このような神体山などによって、海とのつながりがかんがえられるものだろうか。

3 伊豆半島を一周する

そこである年の春、海岸沿いにあるキノミヤ以外のヤシロを調べるために伊豆半島を一周する旅に出かけた。

多賀神社は古代人の祭祀場

JR伊東線の伊豆多賀駅で下車し、海岸に向かって坂をおりてゆくと、しばらくして上多賀の集落のなかに多賀神社があらわれる。小さな森のなかのいずまいの正しいヤシロである。

昭和三三年（一九五八）の春、神道考古学者の大場磐雄が仿製《ぼうせい》漢式鏡をはじめ大量の祭祀遺物を発見し、古代人の祭祀場としたところだ。

ヤシロのそばに神体山がある
（熱海市多賀神社）

境内にはりっぱなケヤキの巨木がある。また、ミヤの裏には石の露頭がみられ、大場によって、それぞれ「神霊を招き降す霊木」「磐座《いわくら》」とされた。

さらに、このヤシロから北方を見あげると、すぐ目の前に形のととのった山が見える。「神の憑《より》ます霊山」とされた向山《むかい》（二二七メートル）である。

これらが古代の祭祀の対象であるとともに、海のそばまでせりだしたこの山が、漁師のアテヤマであろうことは想像にかたくない。

なお、このヤシロにも漂着神説話がある。伊豆の海上を漂っていた多賀大神が、このヤシロから四〇〇メートル西南の戸又に漂着し、高さ四尺ほどの石（のちに神石となった）の上で休まれ、そのあと現在地に遷られた、という。

その道は神の道として、いまも神輿渡御がある。

さらに、JR伊東線の網北駅に進む。

網北駅から一・五キロメートルほど東へ進んだ海岸ぞいに、阿治古《あじこ》神社がある。

阿治古《あじこ》神社は神奈備山をもつ

このあたりの漁師の信仰のあついヤシロで、明治一六年（一八八三）に、近くの日和山下に鎮座していた来宮神社を合祀したそうである。

海岸の近くの御浜《おはま》には神迎えの石があり、例祭場となっているから、これも漂着神とかかわりをもつヤシロであろう。

さて、このヤシロの背後には、神奈備型の朝日山（一六二・八メートル）がある。このヤシロの旧地とつたえられる。海にせりだしたこの山は、海上からの漁民の格好のランドマークとなっている。

大場磐雄は、昭和二年（一九二七）に、下田市街から西方へ三キロメートルほどいったところの大字吉佐美《きさみ》の洗田《せんだ》丘陵を調査している。

ミクラヤマが一番美しく見える

そして、これを祭祀遺跡としたのであるが、ではなにを祭祀したか、というと、そこから東方一・二キロメートルにある三角形の美しい三倉山《みくら》（二一四・一メートル）である。「洗田遺跡は、この山を拝み、祈った人々のまつりの庭の跡に相違あるまい」と結論づけたのである。ミクラは御座《みくら》であり、神のいますところをいうから、神体山といっていいだろう。

さらに、この洗田遺跡とミクラヤマとを結ぶ線上に、ミクラヤマの前山の神尾山があり、そこには、かつて『延喜式』式内社の竹麻神社の三座のひとつの三島明神が鎮座していた。

しかし、それも明治一一年（一八七八）に、近くの八幡社に合祀されていまはない。

ただ「洗田丘陵は吉佐見富士といわれるミクラヤマがいちばん美しく見えるところであり、だからここに祭祀場がもうけられた」という指摘は、ヤシロの立地をかんがえるうえで重要なものがある。

また、その遙拝軸線上に三島明神が鎮座した、というから、ますます興味ぶかい。

伊那下《いなしも》神社は神火を焼いた

伊豆の西海岸には鉄道がない。このあたりの海岸の町々は、さながら陸の孤島といっていい。

そのひとつ松崎町は港町であるが、その港にせりだすように牛原山（二三六メートル）があり、その北西麓に伊那下《いなしも》神社がある。『延喜式』神名帳に名のある古いヤシロであるが、かつては牛原山山頂にある巨岩を旧社地とした、といい伝えられる。

民俗学者の神野善治によると、かつては山頂の古松が、海上交通の重要な目標だったそうである。ヤシロのそばの森のなかに亥子石《いのこいわ》とよばれる巨岩があり、祭礼のときにはここから牛原山を遙拝する。そのあと神霊をむかえて神輿にうつし、御浜におりて祭式をおこない、ふたたび亥子石にかえって神輿を山にもどす。そして石の下の火葬場で火を焼いて来年の豊凶を占う、という。

このヤシロは過去に石火宮とよばれたこともあり、近くの伊志夫《いしふ》神社とも深い関係がある。伊志夫のヤシロは、海上を交通する舟のために、神火を焼いた跡にできたものといわれる。

伊豆海岸の各地には、このような火焼き場をもつヤシロの例が多い。

大瀬神社の暗い森

さらに西海岸の北端に廻ると、駿河湾に突きだした大瀬崎があり、ここに大瀬神社がある。このあたりの漁民の重要なヤマであり「大瀬さん」とよばれて、ひろく漁民の信仰をあつめている。

毎年四月の大瀬祭には、各地の港から多数の漁船があつまって、盛大な祭を展開するそうだ。

ここには、地形上、神体山はない。かわりに、昼なお暗い森があって、天狗が住むと恐れられていた。その森が、漁民のアテヤマになっていたのではないか。

しかし、明治のはじめの山火事で多くが焼けてしまったのは残念である。けれど、なおビャクシンの大木がそろっていて「大瀬崎のビャクシン樹林」として国の天然記念物に指定されている。海から四、五〇メートルのところに不思議なことに淡水の池がある。神地とされる。

さて、伊豆半島を一周したところで、ふたたび熱海駅にもどる。

「火の使徒」

こんどは熱海駅の東側の伊豆山温泉にむかう。

海岸のお宮の松から東北へむけて、ビーチラインを車で走らせる。四、五分で伊豆山港につく。港のすぐ裏に走湯《はしりゆ》というところがある。伊豆山温泉の源泉である。かたわらに走湯神社がある。そのヤシロからすこし階段を上下し、つづいて西北に向けて、一直線にひたすらのぼる。高さにして一六〇メートル、距離にして六〇〇メートル。一〇階建のビルなら五つ分ほどもかけあがる勘定だ。かなりの難行苦行のすえにたどりついたそこには、りっぱなヤシロがある。伊豆山神社である。

祭神については、古くから諸説があったが、現在では、火牟須比《ホムスビ》命を主神、伊邪那岐《イザナギ》命、伊邪那美《イザナミ》命を相殿神として祭られている。社伝によると、ヤシロができたのは孝昭天皇の御世というから、これは神話時代に属する。西暦でいうと四世紀以前のこととなろうか。伊豆の神々はまことに古い。

最初、神さまは、日金《ひかね》峰に降臨し、つぎに牟須夫《むすぶ》峰にうつり、そして現在地に鎮座された、という。日金峰は日金山（七七〇・六メートル）であり、今日では十国峠の名で知られる。そこはしばしば「上の本宮」とよばれる。ムスブ峰はその手前にある岩戸山（七三四・三メートル）で祭神ホムスビの名をとった、という。その山麓には本宮あるいは「中の本宮」がある。今日では本宮神社となっている。これにたいして、現在地は伊豆山古々比《こごひ》社、あるいは新宮とよばれるが、いつごろ遷されたかはわからない。

コゴヒの森は漁民のヤマになっている
（熱海市伊豆山神社）

延喜年間（九〇一〜二三）に定められた式内小社の火牟須比命神社が、今日の伊豆山神社である、とかんがえることができるが、境内摂社の雷電社がそれである、という説もあって決着がついていない。

さて、ヤシロをとりまく四万坪の境内地は、昔から古々《こご》比森《ひのもり》とよばれる。これも火之《ホノ》炫毘古《カガヒコ》神のカガヒから転じたものとみられる。火ということで、ホムスビの火《ほ》に通じるのである。

また日金も「火が根」であるとすれば、すべてが火に関係する。

このあたり古くから山岳信仰の栄えた土地で、文武天皇三年（六九九）に役小角《えんのおずぬ》が伊豆に流されていらい、修験道の盛んな地である。このヤシロも、かつては伊豆山権現としてその名をはせた。かれら修験者たちもまた火をよく使ったのである。

一方、承和三年（八三六）に、甲斐国の僧の竹生賢安が、海岸の走湯に走湯神を祭って走湯権現がはじまる。

そののち、両権現は、上社・下社の関係をたもって発展した。小勾戸《こわと》崎にある役行者の草庵を一の宿とし、伊豆半島を一周する海岸線に、役行者の古跡とする札所《ふだしょ》や霊場、行場《ぎょうば》などを多数ひらいた。けわしい山道やはげしい雨風をついて廻峰し、各所に護摩《ごま》を焚《た》くかれらの行動は「火の使徒」とでもいうべきものであったろう。

くだって、中世には頼朝のあつい信仰をうけ「関東総鎮守社」と称し、多くの山伏や僧兵をもって山中に三八〇〇余坊を構えた、といわれる。

つづく室町幕府や後北条氏、徳川幕府などからもかずかずの庇護をうけている。そして、神仏混淆のヤシロの典型として栄えたが、明治の神仏判然令によって、往時の勢いは衰え、今日にいたっている。

さて、階段をのぼりつめたところに広い境内があり、たくさんのナギの木がおいしげっている。古くから、このヤシロの神木とされた。

ココヒの森と岩戸山と富士山

りっぱな並木の参道を歩むと、いちばん奥の山蔭に神殿がある。

この神殿は海を向いて建っている。ために神殿を拝む方向は内陸となる。遙拝という視点からみると、あきらかに日金山や岩戸山のほうを向いているが、厳密にいうと、岩戸山はその軸線よりやや西に、日金山はさらに西にずれている。

その点を宮司さんにたずねると「鎌倉時代に三度、戦国時代にもしばしば兵火にみまわれ、江戸時代にも落雷による大火があり、そのつど建てかえられたので、往時の姿を留めているかどうかわからない」といわれる。

たしかに、火災をこうむった社寺などでは、前の形を不吉として、すこし違えて配置したりするので、軸線がずれることはありうることだ。

また、宮司さんは「このヤシロは日金山より岩戸山のほうに関係が深く、岩戸山は当社の神体山だ」といわれる。すると、神殿を参拝することは、どうじに岩戸山を遙拝することにつながる。八〇〇年以上たつ、といわれるコウヤマキの大木の並木も、ほぼ岩戸山を向いている。

こうしてみると、キノミヤにかぎらず、他の多くのヤシロでも神体山を拝んでいることがわかる。なお相模灘の漁民の話によると、海上にはコゴヒの森と岩戸山と富士山とが一直線に見えるところがあるそうだ。たぶんそれは、このあたりの漁民のヤマの基軸として語りつたえられてきたものだろう。

4　御島の神々を尋ねて

「神体山遙拝」の実態を知りたい、とおもって伊豆半島を一周してみたが、同じくヤシロと神体山との関係を知るべく、さらに「伊豆半島を縦断したい」とおもった。

たぶん、川端康成の「伊豆の踊り子」が頭にあったせいもあろう。孤独な高校生が旅芸人の清純な踊り子に心惹かれるまま、旅の終わりとともに別れてゆく話である。主人公の高校生は、踊り子の一行と修善寺から天城峠をこえて下田まで旅をするが、それに三島から修善寺まで加えると、伊豆半島を縦断することになる。

わたしは、地図や案内書をひろげて、いろいろ計画をたてた。

富士火山帯は南海を走る

伊豆半島を縦断する伊豆下田街道は、北から狩野川と本谷川、そして天城峠をこえて河津川をたどる。

これらの川ぞいには、伊豆長岡、修善寺、吉奈、湯ヶ島、大滝、湯ヶ野、峰、谷津などといった有名な温泉場が目白押しにならぶ。それもそのはず、この縦断路の直下には、八ヶ岳、そして富士山から発して、一路南にのびる富士火山帯が通っているからだ。

しかも、その火山帯は伊豆半島では終わらない。さらに海上を南下して、大島、三宅島、八丈島から小笠原諸島、硫黄列島にいたるまで、およそ一二〇〇キロメートルにわたって南海に多数の火山島をつくりだしている。

そのなかで伊豆諸島といわれるものは、北から大島、利島、新島、神津島、三宅島、御蔵島、八丈島、青ヶ島、鳥島とつづく。その間、およそ五〇〇キロメートル。東京〜大阪間ぐらいの距離だ。

しかし、これらの島々は、永年のあいだ、ときに鳴動し、ときに噴火し、ときに造山をくりかえしてきた。そこで人々は畏怖をこめて、これら火山島を「御島《みしま》」とよんだ。のち、御島が「三島」と書かれるようになった。本土に近い伊豆諸島は、すべて、かつては伊豆国加茂郡三島郷に属していたのである。

その御島を支配するものは「三島の神」である。しかし、そのミシマノカミは、現在、伊豆半島の付根にある三島市に祭られている。三嶋大社がそれである。

これにたいして、伊豆諸島には、三島の神の后《きさき》神や、その子神がたくさん祭られている。

なぜミシマノカミと、后の神や子供の神とは離れて暮らしているのか。伊豆半島を縦断する前に、まずそのことを知らなければならない、とおもった。

島々を守る后神と子神たち

ある年の早春、わたしは伊豆大島に飛んだ。といっても熱海から高速艇に乗ると、一時間ほどで伊豆大島の元町港につく。

元町港から、車で三原山山麓にいく（図2）。昭和六二年（一九八七）の噴火によってできた溶岩地帯を歩く。目の前に赤茶けた溶岩が累々とつづいている。その先に三原山の外輪山が、ギザギザの台地になって横一線に黒々と屹立している。そして、三原山の溶岩のほかには青空があるだけだ。あとは何もない。一瞬「これが地獄の風景か」とおもうほどである。

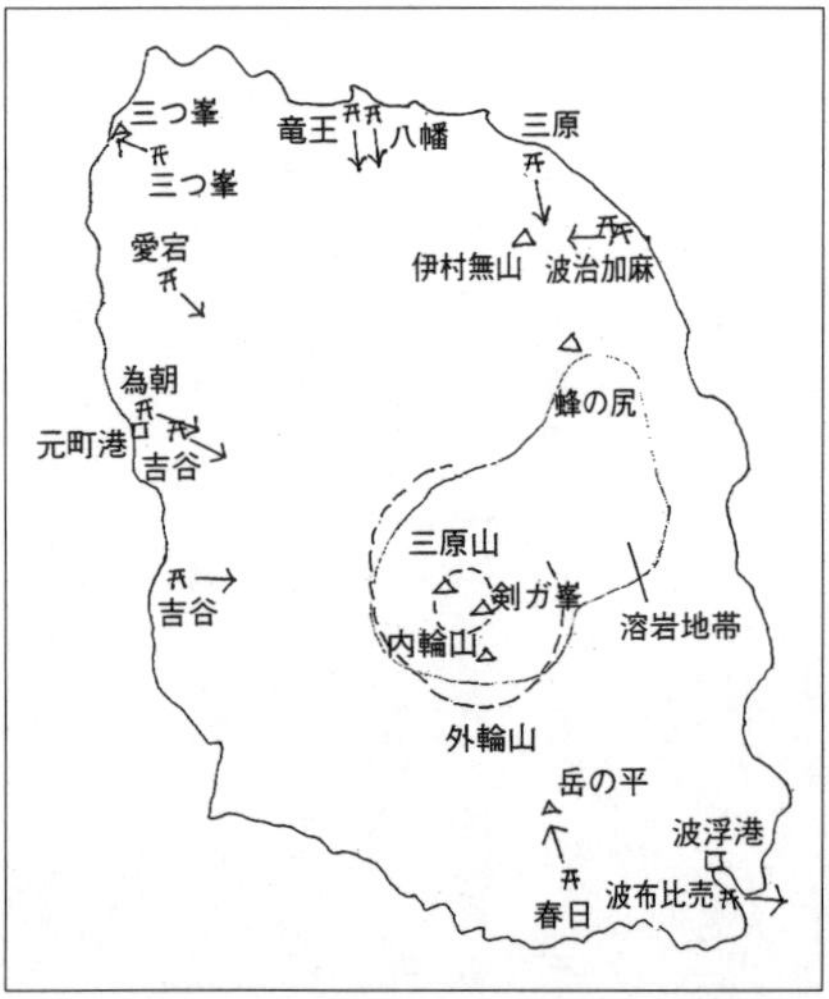

図2　伊豆大島の三原山と主なヤシロの遙拝軸

航空写真を見ると、三原山の外輪山と新しくできた溶岩地帯、またかつての噴火により溶岩流が外輪山からこぼれだしてできた奥山砂漠・裏砂漠などの不毛地帯、それに一度は溶岩流が押し寄せたことのある現在の緑化地帯の三つは、つまり何らかの形で溶岩に見舞われたことのある地帯というものは、島の面積の八割を占めることがわかる。

その自然の猛威には目を見張るばかりだ。昔の人が、これを神の怒りと見て「御島《みしま》伝説」（『三宅記』）をつくりだしたのもうなづける。

その「御島伝説」は、ミシマノカミが「神津島の中央にそびえる天上山（五七四・二メートル）に神々を集めて伊豆諸島をつくった」という話に始まる。「なぜ神津島か」というと、承知五年（八三八）に、この島が大噴火したからだろう。その生々しい記憶が「伝説」となったのではないか。

そうしてできた島々に、ミシマノカミは自分の妃たちを配す。「ミシマノカミにはたくさんの妃があった」とされる。

その一人が、八丈富士で知られる円錐形の美しいコニーデ型火山をもつ八丈島にある優婆夷《ウバイ》宝明神社の祭神のウバイ姫である。式内社二社を合祀したもので、その子とともに祭られている。

神津島には、阿波《アワ》命がいて、同名のヤシロがある。三島の神の本后とされる。承和五年、すさまじい噴火があったが、卜占の結果「後后の伊古奈比売《イコナヒメ》命が冠位を授かったのに、わたしには沙汰がない」とする怒りのためだった、とされた。その子の物忌《モノイミ》命にもヤシロがある。両社とも『延喜式』の名神大社とされる。伊豆諸島で名神大社は、この二社だけである。

三宅島は、たびたび噴火をくりかえしてきた島であるが、島の中央にコニーデ型の雄山（八一五メートル）がある。民俗学者の広瀬進吾は、その遙拝所とみられるところに、富賀《とが》神社があり、ミシマノカミの妃とされる阿米津和気《アメツワケ》命が祭られている、という。「天地今后《いまこう》」といわれる。ほかに、ミシマノカミの妃とされる佐岐多麻比咩《サキタマヒメ》命と二人の姉妹神があり、今后と合せて四后とされる。その四后と八人の王子を含めて一二のヤシロが三宅島にあり、そのすべてが『延喜式』式内社である。度重なる噴火のせいであろう。

そして、この大島にも「羽分《はぶ》大后」とされるミシマノカミの妃の波布《ハフ》比咩《ヒメ》命を祭る同名のヤシロがある。

三原山は奥宮　麓の社は遙拝所

島の入口である波浮《はぶ》港に鎮座する。民俗学者の坂口一雄は「海に面する神秘な火口湖を女神としてまつったものであろう」という。

三原山のミハラは、火口を意味する御祠《みほら》の転訛したものであり、御神火の根源として神聖視されたものとかんがえられる。その三原山、すなわち三原神社については『伊豆七島志』に、

三原全山ヲ祭リテ祠字ナク、タダ山麓ニ拝所及華表《トリイ》建ルノミ

と記されている。

坂口は「三原山は、全島のいわば奥宮であり、麓の村々の主な神社は、みなその遙拝所とされていて、祭日には、それぞれ三原神社の御幡を立てる」という。日本のヤシロとヤマのもっともプリミティブな関係がここに見られて、わたしは、大島にきた甲斐があった、とおもった。

そこで、現地を歩いて調べてみると、三原山山麓の各ヤシロは、三原山を向いているものと、そうでなく近くの小山を向いているものとがあった。後者のものとしては、三つの峰社―三つの峰―蜂の尻、波治加麻社《はちかま》―伊東無山、春日社―岳の平などである。

なお、波治加麻神社は、遙拝の方向ではないけれど、ヤシロと蜂の尻と三原山が一直線になっている。また、春日社と岳の平と三原山は一直線で、かつ遙拝軸でもある。いずれも、中継点の蜂の尻や岳の平などの山が葬所である可能性が示唆される。

さて、このように伊豆の各島々に妃神や子神を配したミシマノカミではあるが『三宅記』によれば、三宅島に住んでいたミシマノカミは、三宅島の后のイコナヒメを連れて、他の后神や子神は放ったらかしにして、伊豆半島の先端にさっさと上陸してしまう。

そこで、わたしもそのあとを追って、伊豆半島の先端に舞い戻る。

5　伊豆半島を縦断する

ミシマノカミが祭られている現在の三嶋大社は『延喜式』にいう伊豆三島神社ではない。では、伊豆三島神社はどこにあったのか。

伊豆国の加茂郡に「かつて大社という名の郷がありそれは半島南部にあった」とされる。すると、伊豆三島神社は、その昔、伊豆半島の南に位置したのではないか。

ミシマノカミは白浜に上陸した

現在、伊豆半島東南端に、伊古奈比売《イコナヒメ》命神社がある。白浜海岸に立地しているので、白浜神社とよばれる。

『日本後紀』は、このイコナヒメは「ミシマノカミとともに、深い谷を塞ぎ、高い岩を砕いて二千町ばかりの平地をつくった。そして二つの社殿に祭られた」と伝える。また、白浜神社の社伝は「江戸中期の寛保年間までは両神は並んで祭られていた」という。

どうように『三宅記』にも、二神は「はじめ三宅島にあって伊豆の島々をつくり、のち白浜の地にやってきて伊豆を治めたが、さらに現在の三島の地に遷った」と記されている。そのため、この白浜のヤシロは、かつては「古宮」とよばれたそうである。

たしかに、白浜神社の氏子は五〇〇戸ほどにすぎないが、しかし、下田から石廊崎にかけてはゆたかな田園地帯がひろがっているから、二神は、このあたりの土地を開発した神とみることができよう。そしてミシマノカミは、江戸中期ごろまでは白浜神社に併祠されていたが、のち三島の地に遷った、とかんがえていいのではないか。

白浜神社は、白浜のうちつづく海岸のなかの小さな岬を背にして建っている。そのさきは海だ。海のむこうには大島がみえる。

すると、人々が白浜神社の社殿を参拝する、ということは、どうじに大島を、さらには伊豆諸島を遙拝することにつながる。

神殿の裏の岬の丘からは、多数の祭祀遺物が出土している。そのあたりはいまも聖地としていっぱんに立ちいることができず、アオギリ、ツバキ、イブキなどがうっそうと茂っている。

そのさきの崖下には御釜《みかま》とよばれる海蝕洞があり、巨大な岩の窪みにいつも海水が流れこんでいる。民俗学者の神野善治によると「このミカマのなかへは一年のうちわずかな機会しかはいることができず、その奥にはさらに深い洞窟があって、本殿の直下とおぼしきところに漆塗りの祠がある」という。つまり、このミカマが祭祀の場になっていたことをしめすもので、江の島弁財天の洞窟、鵜戸神宮の鵜戸窟などと同巧のものといえる。

また、江戸時代には、この白浜神社で年間七五回も祭がもよおされた、とされるが、いまもつづけられている旧暦九月二〇日（現在の一〇月二九日）の大祭の前日の「火達祭《ひたちさい》」と翌日の「御幣流し《ごへいながし》」は、注目される。

火達祭は、本祭前日の夜に、本殿の裏で焚火をして諸島を遙拝する行事であるが、かつては、隣接する火達山上でおこなわれていたからその名がある。古記録は、そのとき、対岸の島々でも焚き合わせがあった、と伝える。この火達山一帯からも、多数の祭祀遺物が出土している。

一方、御幣流しは、大祭の翌日の夕方におこなわれる。拝殿裏の海岸に斎場をもうけ、幣串《へいぐし》をたて、神饌を供し、諸島を遙拝する。そのあと、島の数に相当する一〇本の幣串と供物を海中に投ずるが「このとき西風が吹いて御幣は伊豆諸島へ送られる」と信じられているそうである。

以上の二つの神事は、神迎えと神送りの儀礼とかんがえられ、興味ぶかい。

伊豆下田街道を北へ上る

天城峠をこえて、本谷川、狩野川をくだると、支流の深沢川との合流点、大仁町の左岸に巨大な山塊があらわれる。城山《じょうやま》という。かつて修験者の行場になったところである。いまではロッククライミングの岩場となっている。

ミシマノカミ大仁に遷る

この城山の東の山麓に小さな社がある。神益麻志《かみますまし》神社という。「神まします」の意であろう。

この社殿を拝むと、背後に城山がみえるから、城山を遙拝することになる。城山は、山全体が磐座《いわくら》とかんがえられる。すると、カミマスマシ神社は、イワクラを山宮とすれば、その里宮なのである。

この神社を祭る山麓の集落は、かつては神益《かみます》といい、いまは神島という。

神野は「この合流点に、かつて神島とよばれる大きな中洲があって、神のよりくる聖地ではなかったか」という。その神はいまは対岸にうつって広瀬神社となっている。式内社に比定されている。祭神は、三島溝樴姫《ミゾクイヒメ》命ほか二座である。ミシマミゾクイヒメは、その名のとおり、溝すなわち水路を整備した農耕神とみられる。そして神島にはカミマスマシ神社があるが、また神島の人々は、広瀬神社の田植祭のときには苗を提供するなど特別の関係があるそうである。

すると、神島の人々にとっては、城山、カミマスマシ神社、広瀬神社は、おなじ神を祭った山宮、里宮、田宮ではないか。

では、その神はミゾクイヒメなのか。社伝によると、先のミシマノカミはかつて白浜よりこの地にやってきたが、のち三島に移ったそうである。

なるほど、伊豆半島の南端の白浜にあった神は、河津川、本谷川、狩野川と北上すれば、嫌でもこの偉容の岩山にぶつかる。そこで地上におりて、地の神ミゾクイヒメとともにこのあたりの農地を開発した、という話も成立しそうである。

しかし、現在、広瀬神社にはミシマノカミは祭られていない。

広瀬神社の社前に立って参拝する。そして磁石をもって参拝の方向をたしかめる。磁針は北、わずかに西にふれている。地図上でその方向を追ってゆくと、一三キロメートル先に、三嶋大社があった。

ミシマノカミが三島を乗っとる

現在、広瀬神社の秋の収穫祭が三嶋大社の例祭日におこなわれている、そのとき三嶋大社に酒を奉納する、三嶋大社の境内に「広瀬神社」がある、といったことがしめすように、広瀬神社と三嶋大社の関係は深い。

そうすると、先の社伝のように、ミシマノカミが白浜から大仁をへて、現在の三島の地へ遷った、とかんがえることができるのではないか。ミシマノカミが農耕神という性格をもっていることをかんがえあわせると、白浜、大仁、三島と北上するにしたがって、より豊かな農耕地帯が出現するからだ。

三嶋大社に伝わる伝承によれば、もとこの地には、地主神として若宮八幡が祭られていたそうである。

しかし、あるときミシマノカミがやってきて「藁一把分だけの土地を譲ってほしい」といったので承諾したところ、ミシマノカミはその薫をほどいて、一本ずつつなぎあわせて広大な土地を占有してしまった、というのである。

豊かな田園のひろがる穀倉地帯の三島であるから、伊豆国のなかの諸勢力が、中原の鹿を追うべくこの地を目ざした、としてもふしぎではない。ミシマノカミもその勢力のひとつであったろう。

結局、このようなミシマノカミの移動は、神を奉じた人々の移動ではなかったか。つまり、島から本土の海岸地帯へ、海岸地帯から河川盆地へ、そして内陸平野へという歴史上の人間の移動の物語である。あちらこちらに残されたヤシロは、その移動の軌跡をしめすものだ。

そして、こういう歴史の結果として、各ヤシロは相互につながっているのである。そのつながりを示す具体的ものが遙拝という行為であろう。白浜神社から大島へ、あるいは広瀬神社から三嶋神社へ、そして三嶋神社から富士山へという具体的遙拝軸がそれである。そういう形で、伊豆諸島から富士山まで遙拝という見えない糸で結ばれている、とかんがえることができる。

この三島の地の豊かさの秘密は、富士山からの雪解水にある。三嶋大社の境内にはひろびろとした湧水池がある。そしてその裏には大きな「入らずの森」があるのだ。

奈良時代にはここに国府がおかれ、国分寺が建てられ、三嶋大社は伊豆国の一の宮となった。

三嶋神社の背後には霊峰富士が屹立している。「神体山信仰」の極致である。太平洋上に多くの島々を生みだした富士火山帯、すなわちミシマノカミも、さいごに、ここ富士山麓に還ってきたのである。

四　鎮守の森から山を拝む――若狭の森と神の山

1　「近つ日向」

ワカサとは、美しい響きをもったことばである。

若狭という字も、なにか神秘的なものを感じさせる。

けれど、福井県と関西の一部の人々をのぞいては、若狭という国には一般にあまりなじみがない。若狭を訪れた人は少ないだろうし、また関西の人でも、夏に北陸にきて若狭の海を体験しても、そこを若狭と意識する人はそんなにいないだろう。海水浴やサーフィンが終わったらさっさと車で引きあげてしまい、若狭の文物にもあまりふれないでいる。

であるから、若狭ということばをきいても、ふつう、もうひとつ強いイメージが浮かんでこない。せいぜい「日本海?」と聞くぐらいである。

なかに、若狭塗とか、若狭鯛とかいうことばをおもいだす人はよほどの通といってよいだろう。だいいち、若狭が日本列島のどこらへんにあるのかを正確にいいあてることのできる人も、一般にはごく稀ではないか。

若狭ってどこにあるの？

若狭の国は、近畿地方の北にある。

しかし、近畿地方ではない。福井県の一部ではあるが、福井県の本体から、盲腸のように日本海ぞいに西に延びて、近畿地方の上に屋根のようにおおいかぶさっている。なぜこれが福井県なのかよくわからないぐらいだ。

若狭ということばの語源の一説に「越前の国と丹波の国とに挟まれているから」というのがある。そのことばがしめすように、両側の二つの大国に挟まれ、南の近江の国からは、日本海に叩きこまれんばかりに、突きあげられている（図1）。

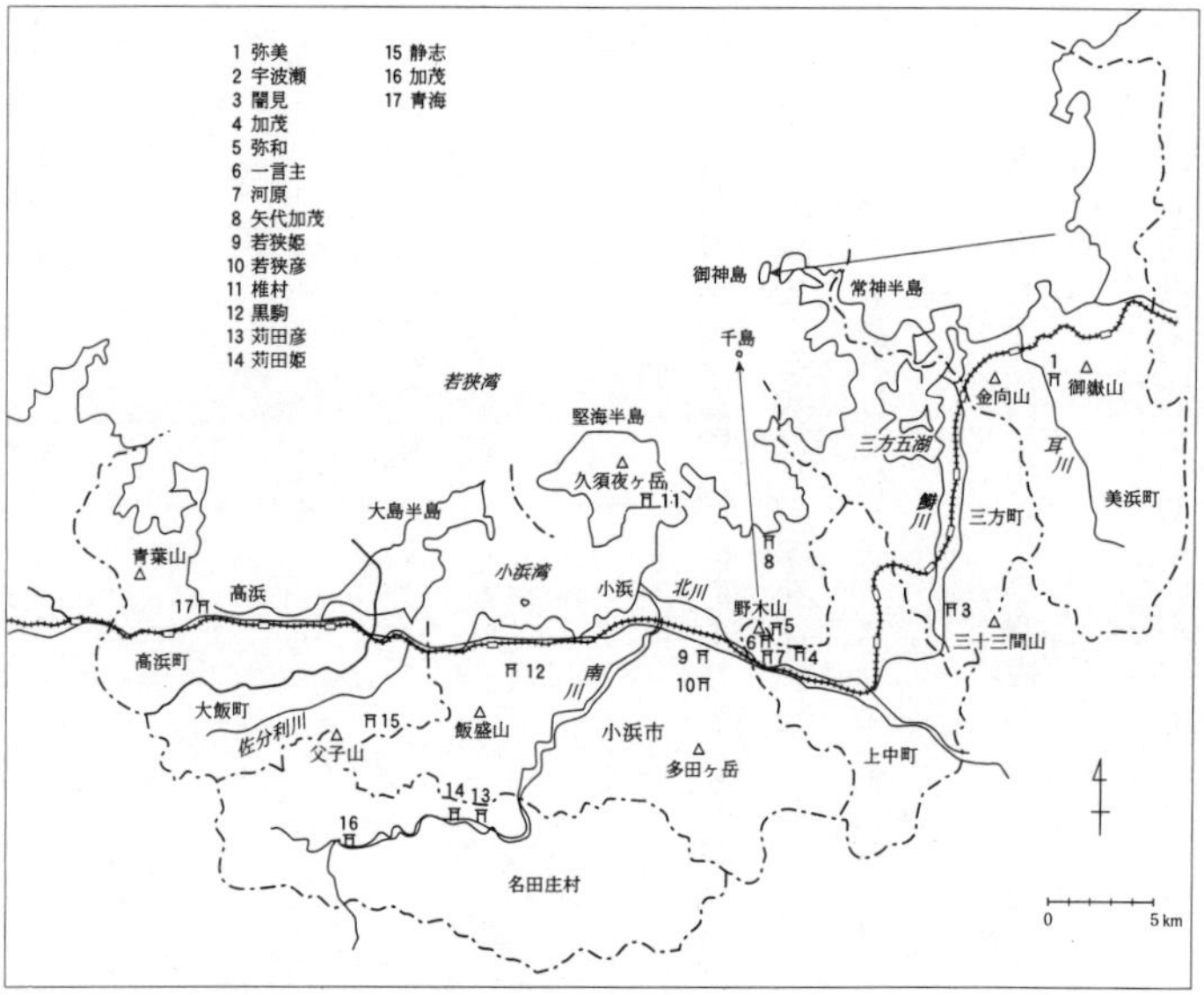

図1　若狭の主な神社

じっさい、かつての律令制下の地方行政区分である「六六国二島の制」のなかでも、若狭は伊豆や伊勢とならんで、管下の郡数がたった三つしかない小国だったのである。

そのうえ、交通もまた不便である。

今日、若狭にゆくには、鉄道のばあい、北陸本線の敦賀《つるが》からローカルな小浜線にはいる。あるいは山陰線の綾部《あやべ》でのりかえて舞鶴線で、舞鶴へ、さらに小浜線へとのりついでゆく。

若狭でいちばん大きな都市は小浜であるが、京都からだと、敦賀回りにせよ舞鶴回りにせよ、特急電車を利用しても一〜二回列車をのりかえて三時間ぐらいはみておかなければならない。

また車でゆくには京都から二つのルートがある。ひとつは御室《おむろ》から鳴滝《なるたき》、高雄、京北町、つまり昔の周山《しゅうざん》を通る「周山街道」といわれる道で、北山山地のいくつもの峠をこえて西から小浜にはいる。

いまひとつは、比良山麓の西側を高野川、安曇川《あど》ぞいに、八瀬《やせ》、大原、朽木《くつき》といくつかの谷をたどりながら東から小浜にいたるもので、これは古代から「若狭街道」とよばれてきた。京都では別名「鯖《さば》街道」といわれる。昔、小浜で陸揚げされた鯖が、塩を打たれて京都へ運ばれた道だったからだ。海のない京都にとって、若狭の鯖は貴族から庶民にいたるまで憬れの水産資源だった。

したがって、京都人にとっての若狭とは、いわば「鯖」の別名でもあったのだ。

リアス海岸の若狭

古来、若狭は水産資源に恵まれた土地である。それは地名にあらわれている。

若狭ということばが歴史に始めて登場するのは、孝元天皇の孫の室毘古王《ムロビコ》が「若狭耳別《ミミワケ》の祖」という『古事記』の記述からである。以後、この変わった名前の由来について諸説が入り乱れてきた。「腋挟《わきさ》」すなわち「狭い脇」説、ワカを崖の古称とし「崖裾《わかそ》が訛った」とする説などである。いずれにしてもその語源を探索する諸説のなかに、崖や磯浜のことがたいへん多いのだ。

そのとおり、若狭の海岸は、崖と磯浜の交互に入りくんだ地帯なのである。試みに地図を手にとって近畿の北の日本海岸をみると、東は越前岬から西は奥丹後半島の経ヶ《きょう》岬までおよそ七〇キロメートルの範囲にわたって、陸地が大きく後退しているのがわかる。若狭湾だ。その若狭湾にのぞむ海岸地帯は、みなこのように海岸線が複雑に入りくんでいる。これは、古い昔、山々が沈降して、岬と溺れ谷、つまり深い入江とを交互にくりかえした結果である。典型的なリアス海岸といえる。

このリアス海岸の深い入江の奥にたいてい小河川があり、その河口附近に小さな沖積平地が形成されてここに集落の立地をみる、というのがこのあたりの地域の一般的な姿である。

だがこれらの集落では、冬の日本海の荒波が海食崖等を発達させるために海岸沿いに道はなく、また背後の山々が急峻な山地を形成しているために山越えの道もままならないできた。

その結果、昔から若狭は、近隣の地域とあまり交流がなく、陸の孤島、あるいは独立王国を形成してきたのである。

ところで、こういうリアス海岸は、わが国では三陸海岸、熊野灘沿岸、紀伊水道沿岸、豊後水道沿岸などと太平洋側に多く、日本海側ではこの若狭湾沿岸がほとんど唯一のものである。そのリアス海岸は、どこも、山がちな地形条件から大規模農業を営むことができず、代りに豊富に棲息する魚を追って、零細農業のほかに林業や水産業等のいりまじった多角的な生産地帯を形成してきた。他の大方の大国のように農業一辺倒ではないのだ。多角的な生産地帯という点では若狭も例外ではない。

また、このリアス海岸では、ところどころに小さな港が発達しているので、古くから海上交通が発達した。三方郡三方町には、一万二〇〇〇年前から五五〇〇年前までの六五〇〇年間にわたる縄文人の営みが跡づけられる鳥浜遺跡があるが、ここからは、幅六〇センチメートル、全長六メートルの丸木舟が出土していて、昔から舟運が盛んだったことをしめしている。

若狭は「近つ日向」

そのうえ若狭は、昔から近隣諸国とのつきあいは乏しいのに、大和の天皇家とだけは、密接な関係をもってきた。大和にむけて塩を、あるいは贄《にえ》としての海産物を長らく貢納しつづけてきたのである。たとえば『延喜式』にもみえるさきの若狭街道は、古くは小浜・朽木から安曇川を下って琵琶湖に出、瀬田から宇治川を下って奈良の都へおもむく重要な官道であった。いまでこそあまり人に知られない辺鄙《へんぴ》な地におもわれている若狭が、じつは、昔は太い交通動脈によって国土中枢と結ばれていたのである。

それは若狭が、大和朝廷にとって大切な「海の王国」ということもあるが、じつはそれだけではない。若狭は、大和にとって「父祖の地」であったのだ。

たとえば、現在、小浜市にある若狭彦神社の祭神は、天つ神直系の天津日高日子穂穂手見命《アマツヒコヒコホホテミ》であり、おなじくその下社とされる若狭姫神社に祀られている祭神は、海神の綿津見神《ワタツミ》の娘の豊玉毘売命《トヨタマヒメ》で、かつ、ヒコホホテミの妻である。さらにその子の鵜葺草不合命《ウガヤフキアエズ》は、三方町の宇波西《うわせ》神社に祀られている。神話のうえでわが国の始祖とされる神武天皇の祖父母と父が、ともにこの地に祀られているのである。

かんがえてみると、かれらは、がんらい日向の国の王たちであった。にもかかわらず、古くからこの地に祀られている、ということは、大和にとって、若狭がもう一つの日向、すなわち「近つ日向」だったことをしめすものではないか。少なくとも、かつて日向から東遷した人たちは、大和の神武一族だけではなかったのである。

ともあれ、このようにみてくると、国は小さく、平地に乏しく、かつ交通が不便であっても、昔の若狭は、大和朝廷にたいして大きな存在感をしめしていたことがわかる。東大寺二月堂の「お水取り」にたいして、若狭でどうじに「お水送りの神事」がおこなわれるような大和と若狭のつながりも、理解されてくるのである。

それらのこともふくめて、若狭の国の生活空間を以下に検討してみたい。

2　若狭を開拓した神々

若狭が縄文時代に大いに栄えたことは、さきの鳥浜貝塚から出土するさまざまの遺物が物語る。それは一万二〇〇〇年前から六五〇〇年の間、人間の生活が営まれたことをしめすものだ。一口に六五〇〇年というが、そのような長年月のあいだ人々が一ヶ所の土地に住みつづけた、というのは、その地がよほど安定した生活環境だったということだろう。

ところが、古墳時代以降、本格的な農耕時代に突入すると、この地はさまざまな変化に見舞われる。現在では、もはやそのことを詳細に実証することはできないが、それでも歴史的文献や考古学上の遺物のほかに、各地に佇む数々の神社の存在がその手掛かりをあたえてくれる。つまり、神社にある縁起、伝承、史実、所蔵品、建造物、樹木、岩石、遙拝対象などといったものから、かつての地域の構造やその発展の姿を跡づける手懸りが与えられるのではないか、とおもわれるのである。

そこで、若狭の神社の実態を中心に、歴史学や考古学、民俗学等の知見をくわえながら、失われてしまった地域の歩みを少しでも再現してみよう。

まず、若狭全体のパースペクティブをうるために、若狭の概略の地域区分をみることとする。

五つの川とその流域

日本の国土の地域区分は、古来からいろいろな形でおこなわれてきたが、人々の生活空間の在り方という視点からみると、川の流域ごとにみてゆくのがわかりやすい。

若狭のばあいは、リアス海岸のせいでたいした河川を発達させてはいないけれども、それでも東から順番に、耳川、鰣《はす》川、北川、南川、佐分利川の五つの小河川の流域に、それぞれまとまりのある生活空間をみることができる。そこは現在の行政区分でいうと、美浜町、三方町、小浜市・上中町、小浜市・

名田庄村、大飯町である。

これに、山が迫ってほとんど河川らしいもののない若狭の東端の美浜町旧山東村と、西端の高浜町とをくわえると、若狭は、河川の流域を中心にみた、つごう七つの地域生活空間によって構成されていることがわかる。

耳川流域と「ムロビコ一族」

さて、縄文時代の人々の生活を知るために、考古学的遺物等の出土状況をみると、鯆川河口の先端にあるさきの鳥浜を除いては、一般に河川とあまり関係がない。

たとえば今市、田井野、阿納尻《あのじり》、阿納塩浜、寺内川、宮留などの各縄文遺跡をみると、海岸べりや半島の先端、あるいはリアス海岸の特徴である海に突きだした岬の付根などに、人々の生活空間が営まれている。つまりこの時代は、漁撈という生産活動が中心だったことがわかるのである。

つぎの弥生時代になると、海岸べりのほかに、鯆川ぞいや北川ぞいの内陸部に遺跡の分布がみられる。初期的農耕の開始であろう。また鯆川流域の向笠《むかさ》に銅鐸がでてくる。農耕文化の成立をしめすものだろう。

古墳時代になると、急にあわただしくなる。考古学的出土品だけでなく、文献や実在の神社も登場してくるからだ。

まず若狭ということばの初出として、さきにのべた『古事記』の「ムロビコ王は若狭耳分の祖」という記述がある。

さらにこれにたいして、現実にムロビコを祀る神社があらわれてくる。美浜町内の耳川右岸の山麓にある弥美《みみ》神社である。背後の御嶽《おんたけ》山には奥宮をもっている。御嶽山は神奈備《かんなび》、すなわち神《かみ》が鎮座する神山《やま》とされるから、弥美神社の神体山であろう。『延喜式』式内社で、旧県社である。祭神については諸説があったが、江戸の国学者の伴信友がムロビコと推定した。

伴は小浜の人で、日本の古典の考証に大きな業績をのこした。なかに、若狭の神社を考証した『神社私考』があり、そのなかで、弥美のヤシロについて多く論じている。

一方、このヤシロから西二キロメートルほどの平野の真中に、耳川流域では唯一の前方後円の獅子塚古墳があり、大正元年の発掘によってムロビコの陵墓と推定されている。その築造年代は六世紀初頭である。

すると、少なくとも五世紀の終わりごろには、耳一族の手によってこのあたりの土地の開拓がすすめられた、とみることができる。じっさい、このヤシロの例祭にあたっては、その神事をながらく旧耳庄一七集落が分担してきた。ために耳川流域、とりわけその右岸の集落の総鎮守といった観がある。ただ「若狭の耳分の祖」とはいうものの、その勢力は若狭全域に及んではいず、この耳川流域にかぎられていたようである。

北川流域と「神武一族」

これにたいして、若狭の中央部の北川流域には多数の大型古墳がある。獅子塚古墳とおなじ六世紀のものとしては、北川右岸の大谷円墳、加茂古墳群、北川左岸の丸山塚円墳などである。

さらにそれより古い五世紀のものとしては、おなじく北川右岸に、西塚、上の塚、中塚の各前方後円墳、おなじく左岸に十善の森、上船塚、下船塚、白髪神社などの各前方後円墳がある。これらは、その数からいっても、古さからいっても、また祭祀圏からみても、ムロビコとは別の勢力であろう。

むしろ北川流域に、すでにこのような一大勢力が定着していたから、ムロビコはこれらを避けて、耳川流域に居を定めたのかもしれない。西塚と円山塚からは、冑や短甲が出土している。

しかし、これらの古墳とその被葬者にかんする文献上の記述はなく、遺物等から類推することもできないが、ただ、その周辺に、これらの古墳との関連性をうかがわせるヤシロがある。さきの若狭彦神社と若狭姫神社である。

この二つのヤシロは、さきの古墳をやや下った、北川支流の遠敷《おにゅう》川を遡ったところにある。古来、若狭国の一の宮と二の宮とされた。漁師の信仰のあついヤシロである。延喜の制にある名神大社で、旧国幣中社でもある。さきにものべたように、祭神はそれぞれヒコホホテミとその妻のトヨタマヒメである。創建は元正天皇の霊亀元年という。西暦でいうと七一五年である。『続日本紀』の宝亀元年（七七〇）にすでにその名がみえるから、この年代に大きな間違いはないだろう。

しかし、これはさきの古墳などとくらべると、ずっと新しい。たぶん、つぎにのべるように、若狭の地が「神武一族の故地」である、とする伝承から、奈良時代になって本格的に祀られたものであろう。また、この神々は、前述の縁起によると、最初、遠敷川の上流にある神山である多田嶽の麓の白石の上に降臨した、とされる。いまその地に白石神社がある。

さらに二神は、それより一五〇メートルほど下った淵の巨岩にうつられたが、そのとき二羽の鵜が出迎えた、というので、ここを鵜の瀬とよんでいる。奈良東大寺二月堂の若狭井のお水取りにさいして、この鵜の瀬ではどうじに、お水送りの行事をすることで有名である。

さて、なぜこの地にヒコホホテミとその妻トヨタマヒメが祀られたのであろうか。その理由は、次のように見ていくと、わかるのではないか。

日向の人々が移民してきた

この耳川流域の西隣り、鰣川流域とのあいだに、日向湖へ注ぐ小河川がある。宇波西《うわせ》川という。ここに、さきにものべたように、もうひとつの若狭の古社がある。三方五湖の一つである久々子《くぐし》湖の南、宇波西川の左岸の気山西山の麓にある宇波西神社である。延喜の制では名神大社で、旧県社である。祭神は、ヒコホホテミとトヨタマヒメの子のウガヤフキアエズである。

このヤシロについて、地元に次のような伝承がある。

昔、日向湖で漁をしていた漁師が、一羽の鵜にさそわれて水中にもぐり、神器をみつけてそれを家に祭ったところ、神棚から、わたしはウガヤフキアエズで日向からきた。上瀬《うわせ》川のほとりに祀るように。そうすればこの地を日向と名づけて、わたしが守り神となろう。

との声があった、という。

その漁師の家はいまも「出神」とよばれる地にあり、家の裏山の「清浄の森」には、宇波西元社が祀られている。のち、大宝元年（七〇一）に、気山東山の金向《かなこ》山の山麓の上野谷に移転し、大同元年（八〇六）にいまの地に移った、とされる

さて、問題は、日向湖や日向浦などの地名である。この伝承にあるように「ウガヤフキアエズによって、その出身地である九州の日向にちなんで名づけられた」とかんがえられているが、じつは、この地に日向《ひるが》の名があるのは、日向の住民がこの地へ移民したことをしめす証拠ではないか。

近くの向笠の集落にも、昔、日向国の吾田邑《あたむら》から移住した、という伝承がある。その向笠からは、さきにのべたように銅鐸が出土しているから、ここらは弥生時代、あるいはそれ以前に遡る古い地域であったことがわかる。

するとさきの伝承は、畿内における「神武東征」と関連する南九州人の近畿およびその周辺地域への移動の一環を物語るものではないか。

「神武東征」の動機が「豊葦原千五百秋瑞穂《とよあしはらのちいほあきのみずほ》国をめざした天孫降臨とどうよう新天地における稲作農業の開拓にある」とかんがえると、日向から移住してきた人々も、この地においては稲作農業の開拓者

とみることができるであろう。

そしてかれらは、この地に始祖であるウガヤフキアエズのヤシロを祀ったのではないか。

なおこのヤシロは、例祭にあたっては、宇波西川流域および耳川左岸の耳西郷一一集落によって奉仕されてきた。このように地域の鎮守であるにもかかわらず、かつては、北陸道で唯一、月次新嘗《つきなみにいなめ》の奉幣をうけた、というほど皇室との結びつきの強い北陸きっての名社であった。

それも、ここが「神武伝承の実在の地」とみなされたからであろう。

3　森から見た神体山

さて、これらのヤシロはいずれも古い歴史をもっているが、しかし鳥居をもったり、社殿をもったりするヤシロの形式そのものは、そんなに古いものではない。

これにたいして、有名社ではないが、あるいはそれだからこそ、逆に古形を保っている、とみられるヤシロが若狭には数多くある。

そういう若狭の姿に魅入られて、何年間か、わたしはたびたび若狭通いをくりかえした。たいてい鉄道を利用して、敦賀から小浜線で、美浜、三方あるいは小浜にはいった。冬の日など、京都が晴れていても若狭は曇っていた。京都が雨のときは若狭は雪であった。プラットフォームに立って電車を待っていると、日本海から吹きよせる北風が全身を包み、細かい氷粒がヒョウヒョウと頬にあたるのだった。

加茂神社の森と三角山

さきに、六世紀の古墳のひとつとして、北川流域の加茂古墳群をあげた。それは、上船塚古墳群などの対岸、北川の支流の木川をすこしはいったところの標高二三一メートルの三角山の南麓にある。そこに、福井県最大の横穴式石室をもつ加茂北、加茂南古墳をはじめとする二四基の古墳がひろがっている。

目的のヤシロは、この古墳群の下の加茂集落にあった。加茂神社という。旧郷社である。

このヤシロの形態上の特色は、社殿を北にして、能舞台と、杉の巨木と、神橋とが、南に向かって一直線上にならんでいることである。そのさきには昔の社殿跡の森まである。その森のなかの社殿跡の石組から逆に北をみると、以上のものが一列にならんでいる。そしてそのさきには古墳群があり、さらにその上に三角山がそびえているのだ。これらすべてのものが一直線上にある。

このヤシロの祭神は、諸説があって判然としないが『延喜式』に記載のないところから、おそらく、かつては加茂古墳群と三角山の遙拝所であったのだろう。つまり、三角山は神体山なのである。

そしてこういう形こそ、律令制下に天皇との近遠関係によって格付けされた『延喜式』記載の神社ではなく、それ以前の古い日本のヤシロの姿ではなかったか、とおもわれるのである。

弥和神社の森と野木山

さらに、このヤシロの真西の方向の田んぼのなかには「田の神」と称する一画があり、その周辺からは弥生中期の土器が出土しているが、そこからさらに西へ一キロメートルほどいくと、弥和《みわ》神社の森があり、さらにその上に野木山が見える。

つまり、ここでも田の神、弥和の森、野木山が一直線上にならんでいる。その野木山は、東からみると大和の三輪山に似ていて、このあたりの神体山となっている。ミワの名もそこからきたのであろう。

この弥和のヤシロは『延喜式』に記載されている「遠敷郡弥和神社」とかんがえられる。かつては従三位御和《みわ》明神と崇められた。

しかし、野木山の麓の森はわかっても、ヤシロの所在はなかなかわからない。村の人に教えてもらって、やっと木川ぞいの町道の脇にひっそりと佇んでいるのを見つけた。藪のなかの石で囲われた一坪ぐらいの「聖域」だ。あとは背後のサカキの林しかない。その山の上は野木山である。およそ神社というイメージには程遠い。たんなる拝所である。これではわからないのも無理はない。じつは、この前は、

神橋・神木・神楽殿・神殿が一直線に並ぶ
（福井・上中町加茂神社）

野木山はこのあたりの神体山である
（小浜市）

さきほどからなんども通っていたのだ。

だがこれも、地元の人々にとっては大切な神社である。人々は、このヤシロに参って野木山を遥拝する。つまり、これは野木山の遥拝所で、ご神体は野木山なのだ。しかし、それが神社の本来の姿なのだろう。

その野木山の山頂附近には磐座《いわくら》がある。すると、それを「山宮」とするならこれは「里宮」である。そして先の田んぼのなかの田の神は「田宮」であろう。それらが一直線にならんでいる、ということは、田宮もまた、遥拝所であることをしめしているのではないか。

泉岡一言社の森と野木山

さて野木山をご神体とするヤシロは、この弥和のヤシロだけではない。

野木山の南麓の中野木の集落の上の泉岡一言社《ひとことと》もそうだ。祭神は一言主神《ヒトコトヌシ》で、大和の葛木一言主《かつらぎひとことぬし》神社から勧請してきたものであろう。式内社ではなく、創建年代も不明である。

ところで、このヤシロは、さきの弥和のヤシロと違って、一見したところ鳥居も参道もあるふつうのヤシロである。

しかし、森のなかの参道を上がっていくと、そのいちばん奥には小さな広場があって、弥和のヤシロとおなじように、玉垣で四方を囲んだ聖域があるだけだ。社殿は影も形もない。

そしてこの玉垣を拝む方向、といってもほとんど真上にはやはり野木山があるから、これも野木山を遥拝するヤシロであることがわかる。

河原神社は川を拝む

野木山とこのヤシロを結んだ線をさらに南へ延ばすと、五〇〇メートルほどのところの田んぼの真中に上野木という集落があり、そのなかに河原神社がある。祭神は河原大神というが、どういう神かよくわからない。創立年代も不詳。もちろん式内社ではない。

そしてこのヤシロにも社殿はない。ただ高さ一メートル、面積五〇坪ほどの土盛りの区画を玉垣で囲んだ聖域があり、一般の人の立入りは許されない。伝承によれば、「昔、ご神体がヒサギの葉にのって天から上河原平田の淵のうえに舞いおりた」という。

それを裏づけるかのように、拝む方向の先には、北川と木川の合流点がある。「川をご神体として拝む」という大和の広瀬神社とおなじ形である。

泉岡一言主神社の正面(福井・上中町)

泉岡一言主神社の「神殿」であるイワクラ(福井・上中町)

このヤシロについて、伴信友は「泉岡一言神社を勧請したのではないか」といっているが、たしかにその形からすれば、野木山を山宮とし、泉岡一言神社を里宮とするときの田宮であろう。田宮は、田の神のお旅所である。かつ、山の神の遙拝所である。その遙拝所の廻りに人々が住みついて集落ができたのである。かつては家が七軒しかなかったので、集落の名も七屋といった、という。

さて、以上のものは、いずれもヤシロというものの古形をのこしているが、ほかにも、いまでは社殿をもっているが、しかし背後に神体山を負っている、というヤシロが、若狭には数多くある。

静志神社と小浜八幡神社

たとえば、大飯《おおい》町父子《ちいし》にある静志《しずし》神社は、祭神を少名毘古名《スクナヒコナ》神とする式内社であるが、背後に六基の古墳をもち、さらに静志の森のうしろには、円錐型の父子山がそびえている。これは、弥和のヤシロなどとおなじパターンといえよう。

また小浜市男山にある八幡神社は、小浜の町の氏神であるが、伴によると『続日本紀』神護景雲四年（七七〇）に記述のある古社である。旧県社でもある。

これも、やはり背後に形のいい後瀬《ごせ》山をひかえている。鳥居の前で写真をとると、かならず後瀬山が写る。まさしく神体山といっていい風景を醸しだしている。

4　谷深い里の雨乞山

神体山を背後にするヤシロが、なぜ山宮、里宮、田宮というパターンをもつのか。このことについては、すでに柳田國男のすぐれた考察があるが、その所説によりつつ、若干の私見をのべたい。

山宮・里宮・田宮

まずこれらの宮は、がんらい山に鎮座する山の神が、春に里や田におりて田の神に変わり、秋にはまた山に戻って山の神に還えるときのそれぞれの休まれる宿である。

そして、神の変わり目のときに、それらの宿で春秋の祭がおこなわれるが、その春の祭を祈年《としごい》といい、秋の祭を新嘗《にいなめ》とよんだ。それらは神と人との交流の接点であった。

トシゴイは「一年の豊饒を乞う」意であり、ニイナメは「新しい馳走を感謝する」意である。

しかし、それにしても、山の神と田の神は本来ひとつの神であるのになぜ別々のヤシロで別々に祭られるのか、というと、どうやら祭祀する側の人間の事情がからんでいるようだ。

というのは、山宮は、もちろん山上または山腹にあり、里宮は、だいたい山麓の集落の裏山などにあるが、田宮は、がんらいは田んぼの真中にあった。その結果、もともとはひとつの集落がこの三つの宮を斎《いつ》いていたのが、のち分離して、里宮と田宮を別々の集落が祭祀するようになったのだろう。

またこれらの宮も、元をたどれば山宮だけだったものが、信仰者が成人男子から女子や老人、子供にまでひろがってゆくと山宮まで参るのが困難になり、そこで山麓に遙拝所をつくって参った、のちそれが里宮になった、ということであろう。

また、田宮は、広い田んぼの豊穣を祈念するための山の神、あるいは田の神の拝所であったが、のち上野木の例のように、廻りに集落が張りついて集落のなかの遙拝所となり、田宮となった。

そういうふうに、信仰対象が成人男子から集落構成員の全員にひろがると、もともと山男たちの山における災害防除や生産増進のためだった神が、集落の氏神、産土神《うぶすな》、あるいは鎮守神などとよばれて、集落構成員の生活のすべてにかかわる神となる。山の神から田の神への変貌である。そして古くからその神が鎮座していた山を、人々は神体山として崇めるようになったのである。

そうなるのも、土木事業等によって平地における農耕地の開発がすすみ、あちこちからいろいろな人間がやってきて集落の人口が拡大したり、新たに集落がつくられたりした結果である。

それ以前の山間集落などでは、同族どうしで細々と農地を営むだけで、廻りに広い田園地帯があるわけでもなく、したがって里宮はあっても、田宮の必要性はなかったろう。

そのうえ山間では、生活の余裕もなく文化も乏しいために、神への祈願はほとんどすべて田の生産の一点にしぼられていた。ヤシロによせる人々の期待も、また山をみる眼も、まさに生産向上がすべてであった、といってよい。

名田庄村加茂神社の磐座

ある日、わたしは周山街道を若狭に向った。御経坂峠、笠峠、栗尾峠、深見峠、そして京福県境の堀越峠をこえると、そこは福井県遠敷郡名田庄《なたしょう》村である。

いまでは全国でも数少なくなってしまった「村」の一つで、その名のとおり古代末から中世にいたる庄園でもあった。庄園名をそのまま村名にしてているのは、全国でもあまり例がない。

それだけではない。この村は、南北朝以降に荘園の領主となった大徳寺の塔頭《たっちゅう》の徳禅寺に伝わる文書により、古代末から中世にかけての地域の歩みがよく知られた歴史の里である。

小浜湾にそそぐ南川の上流にあって、江戸時代には二〇ヶ村の山間集落に分かれていたが、明治には二ヶ村に統合され、いまは名田庄村一村となっている。

またこの村には、同族的結合の強い陰陽《おんみょう》道系の守護神である「地の神信仰」が根強くのこっており、民俗学上も注目される土地である。

さてこの村には一七の神社があるが、そのうちのひとつに、納田終《なたおい》の馬場にある加茂神社がある。社伝によれば、納田終の住人の平貞等がこの地を開拓するにあたり、文和三年（一三五四）に加茂別雷《かもわけいかずち》神を勧請したもので、最初は同族の氏神であったようだ。いまでは馬場の鎮守である。

このヤシロの真裏の山に、巨岩がそそりたっている。ヤシロの磐座であり、かつ、山宮である。人々はこのヤシロに詣って、どうじにこの磐座を拝したのだろう。

苅田姫神社と雨乞山

さらに、南川下流にある苅田姫神社は『延喜式』神名帳の苅田比売《かりたひめ》神社とみられる古社で、かつ、旧村社であるが、祭神は苅田姫大神といい、詳細は不明である。

このヤシロの社殿の背後には、アマゴ山といわれる円錐形の山があって、山頂に小祠が祭られている。アマゴ山は雨乞山がつづまったものであろう。

谷深い里ではあるが、南川ぞいに何枚も田んぼがつづいている。やはり山宮―里宮の関係にある、といえる。ただし、さきの加茂のヤシロとともに、田宮はない。

夫婦神の相方の苅田彦神社　なお、このヤシロが農耕神であることをしめすように、一キロメートルほど下った下流に苅田彦神社がある。おなじく式内社とみられ、旧村社である。祭神は苅田彦大神で、ワカサヒコ・ワカサヒメとどうように、苅田姫と男女神、あるいは夫婦神を構成している。

夫婦神は、夫婦の営みのなかに新しい生命が誕生するのにあやかって、五穀の豊穣をねがう農民たちによって創りだされたものだろう。

ワカサヒコ・ワカサヒメのヤシロから勧請されたもの、とみられている。

5　山の神と神領山

民俗の神　若狭には、以上にのべた『古事記』や『日本書紀』などに登場する由緒ある神々のほかにも、さまざまの神がましします。

山の神、田の神、地の神から、火の神、水神、産神、厠神、疫瘡神、来訪神、猿神、虫神、エビス、弁天、天神、野神、石神、風の神などなどである。それらは多く家の神であったり、氏族神であったり、行路神であったり、地域神であったり、外来神であったり、怨霊神であったり、流行神であったり、ご利益神であったりする。

大きな社殿に祭られるわけでもなく、社格も、伝承もとりたてていうほどのものはないが、人々の心や暮らしのなかに生きつづけてきた神々である。

こういう八百萬《やおよろず》の神々、あるいは魑魅魍魎《ちみもうりょう》の神々が若狭に数多くのこっているのも、この国の閉鎖的な形によるものであろう。

あるいは「鬼神を祭らず」というような激越な信仰をもつ浄土真宗が、この国ではあまり受けいれられなかったためかもしれない。浄土真宗の盛んな土地では、こういう魑魅魍魎の神々はほとんど存在しないからだ。

そこで『古事記』や『日本書紀』などの歴史書に記されている神々を「歴史の神々」とするなら、これらはさしずめ「民俗の神々」とよんでもいいだろう。若狭は、この「民俗の神々」の宝庫なのである。

この民俗神のなかで、若狭に多いものの一つに、山の神がある。かつての村には、山の神がかならず一ヶ所以上は祭られていた。

ところが、明治の神社合祀令によって、そのほとんどは村の鎮守社などに合祀されてしまい、いまその跡は、多くタモやシイの森となっている。あるいはまた森という字のつく字名などから、そこにもと山の神が祭られていたことを知るぐらいである。
しかし、いっぽうには、いまなお、のこっている山の神のヤシロもある。

山を守護する山の神社

そのヤシロを尋ねて、夏休みも終わりのある日、若狭街道を北へ走った。

小浜にはいる手前の遠敷郡上中町を東に折れると倉見峠にさしかかる。峠をこえると三方町である。鯖川が山間を縫っている。その流域に点々と集落がある。

山に囲まれたその上流域一帯を、昔、十村といった。小村が一〇あったからだが、そのなかのひとつに、伴信友が「神功紀にある犬上の君の祖の倉見別《くらみわけ》はこの地の人ではないか」といった集落の倉見がある。いま地元では、この伴の説をうけて、仲哀天皇の時代にこの地に住んでいた豪族の倉見別の名をとって地名としている。

三十三間山にはヤマタノオロチが棲んでいた　（福井・三方町闇見神社参道）

この倉見の集落から東へおよそ一・五キロメートルほどはいった足谷口に山の神社がある。創立年代は不明だが、倉見の山を守護する神として人々の信仰を集めている。

この地の東方には、古来、若狭の国の最高峰とされたが、じっさいには三方郡の最高峰である三十三間山（標高八四二メートル）があり、昔から、倉見の人はこの三十三間山の豊かな資源で暮らしてきた。

山の神の信仰は、この山で木を伐ったり、薪を集めたり、獣を獲ったりするときに災難にあわないためのものである。三十三間山は、ことのほか東南の風が強く、住民を悩ませたので、その防除を祈願する意味もあったであろう。

したがって、昔は、山の神の祭は男だけのものであった。一二月九日を祭日として潔斎し、午前中に参拝、午後からは山の口講として、みなで飲食し山の神を慰めた、という。この日は、誰も山へはいることを禁じられた。

闇見神社と老巫女

こういう生活を守るための山の神の信仰は、日本社会に古くからあったが、その信仰は、やがて他の神々にも影響をあたえてゆく。

たとえば、旧十村は、さきにものべたように江戸時代には、倉見、白屋、成願寺、上野、能登野、横渡、井崎、岩屋、田上、黒田の一〇ヶ村があったので十村組と称したが、三十三間山の二ヶ所から発する鯖川は、旧十村のなかの倉見、岩屋をへて、成願寺で合流する。

この合流点に闇見《くらみ》神社がある。式内社で旧郷社である。この成願寺も、もとはこのヤシロを奉祠していた寺であったが、その寺がなくなったあとも集落名としてのこった。このように闇見のヤシロは「一寺が奉仕するほど古い」といえる。

闇見のヤシロは、昔、天神社と称した。天神のヤシロである。ところが、このヤシロの背後にある三十三間山もまた天神山とよばれている。するとこの天神山も神の座つまり神山ではないか。あるいは闇見のヤシロは、三十三間山を神体とするヤシロかもしれない。

じっさい、闇見のヤシロでは、三十三間山を宮山とよんでいる。そしてこの宮山からの収入を、いまもヤシロの運営費にあてているのである。

また闇見のヤシロの祭神は、伴信友の考証をとりいれて『古事記』の開化記にある沙本之大闇見戸売《サホノオオクラミトメ》命としている。彼女はさきのムロビコの母である。春日の建国勝戸売《タケクニノカツトメ》の女とされるが、オオクラミという名のオオが美称であり、トメが老女を意味するところから、三十三間山を祭るクラミのヤシロの巫女《みこ》であった可能性がある。

じっさい、このヤシロは、たんに成願寺の鎮守にとどまらず、かつては倉見荘の総鎮守として、旧十村と旧西田村をふくむ広域の範囲から奉幣をうけていた。それなら、巫女がいたとしてもふしぎではないだろう。

八岐大蛇と山人

さて、このヤシロに伝わる伝承に「八岐大蛇《やまたのおろち》退治」の話がある。

昔、三十三間山の中腹に池があって大蛇が棲みつき、人々に災いをあたえていたが、垂仁天皇三年のころ、須佐之男命と櫛名田比売《クシナダヒメ》の化身である二

ヤマタノオロチが落ちて神社になった
（福井・三方町闇見神社）

人の老人がこの大蛇を退治した。そのとき、大蛇の身体が二つに裂けて、一つは美濃国に、いま一つは若狭国に落ちた。大蛇の身体が若狭の山辺に落ちたとき、あたりが闇になったため、闇見の神として祭られた、という。

この大蛇を、山で生活していた山人とかんがえ、その山人たちをあとからはいりこんだ農民が抹殺した、とすると、闇見のヤシロは「その怨霊折伏のために建てられた」とみることができる。

とすると、このヤシロも、もとは大蛇というような魑魅魍魎を対象とする三十三間山の民俗神ということになり、のちになって『古事記』にあるオオクラミトメなどの記述がとりこまれて歴史神となった、とかんがえることができるのである。

神体山は神領である

がんらい、この山の神の祭場は、柳田國男も指摘するように、その山の所有者以外には知られないものであった。

祭日になって山主たちがそこに御幣を立て供物を捧げることによって、始めて人々にその場所が明らかになる。ために、山主たちは、身内の少年を同行してその場所を教え、代々相続するのが常だった。

また各地のヤシロに、山宮祭というものがある。この山宮祭を民俗学者の喜早清在は「山の神の信仰から生まれた」という。

山宮祭は、かならずしも一ヶ所に特定しておこなわれていたわけではない。ところによっては二つ三つもあった。毎年、順番におこなわれたりする。

そのばあい、山宮とはいうものの、ただ石がおかれているだけのものが多かった。そういう祭場のことを、神社でおこなわれる人々の罪や穢れを清める大祓《おおはらえ》の神事の詞《ことば》をひいて、柳田は「伊穂理《いほり》といったのではないか」という。『延喜式』の祝詞《のりと》では伊恵理《いえり》とされる。この二つのことばの意味は不明であるが「雲や霧のたちこめることをいう」という説などがあるところから察すると、そもそも山宮の祭場は、山の雲や霧のようにどこともしれないものかもしれないのである。

「伊勢神宮内宮の禰宜《ねぎ》の荒木田氏の山宮祭場はその祖先の墳墓である」という説があるが、山奥の谷を墳墓としても、土砂崩れがおきたり、出水で流されたりして、平地の塚のようにいつまでもその姿を留めておくことはできない。けっきょく、山そのものが墳墓ということになるのではないか。

また神山は、平地でこそ、その整った姿を神体山として仰ぎみることができ、多くの人々から崇められるが、いったん山にはいってしまうと、人はもう神山の形を捉えることができない。ただ、どこまでもつづく山の斜面が目にはいるだけである。

そういうことから、山の人々は、このような神山を、神奈備《かんなび》とか神体山などとはいわない。「神領山」あるいはたんに「神領」なのである。

山の斜面のある一定範囲は、すべて「神の領域」だからである。

6　神体山が当山

以上の山々、すなわち神体山、雨乞山あるいは神領山は、いずれも神山として、それぞれの地域のシンボル的存在である。とどうじに、もっと広域の範囲からも仰ぎみられて、特定の意味をもたれることがある。

その広域ということのなかには、海もはいる。

これらの神山は海からも見られるのだ。ということは、それらが、漁師たちが海上での自己の位置を知るために陸上の特色ある地形地物を探しだして見通し線をつくるときの「陸標となる山」の可能性をしめしている。山立《やまだ》て、あるいは山当《やまあ》てのヤマである。ヤマだけでは紛らわしいので当山《あてやま》といっておこう。

そういうものは、農業以前の人々の生業からくる慣習や信仰にも関係してくるのである。

神体山は当山になるか

じっさいに見てみよう。

闇見のヤシロの神山とみられる三十三間山は、八四二メートルもあり、古来から若狭最高の山とされ、他を圧している。

また若狭彦、若狭姫のヤシロの背後にある多田ヶ嶽も七一二メートルあり、このあたりで他に並ぶものがない。漁師の信仰があつい。

耳川のそばの、弥美のヤシロの神体山である御嶽山は四〇五メートルであるが、海岸から二キロメートルという手近なところにあり、海からの恰好の目標にされている。

また宇波西のヤシロの金向山《かなこ》も一二二メートルしかないが、海とのあいだはすっかり田んぼなので、多く漁師のアテヤマとされている。

野木山と父子山

問題のひとつは野木山である。

昔から、若狭の代表的な神体山とされるこの山は、高さが三四三メートルで、そんなに高い山ではない。しかも海とのあいだに二〇〇〜四〇〇メートルの高さの山地が横たわっている。「これではとうてい、海からは見えないのではないか」とおもわれたが、地図上で検討してみたら、真北の方向にただ一ヶ所だけ、くだんの山地の谷の部分があり、その先は矢代崎という岬になっていることを発見した。すると海からその一筋だけは、矢代崎の小山を通して野木山が見通せる可能性がある。

しかし、ただ一筋だけではあまり意味がないだろう、とおもっていたら、その一筋の線を海上に延ばすと、およそ八キロメートル先に、千島という小さな岩礁のあるのを発見した。つまり千島と矢代崎と野木山とは、一直線につながっているのである。

三つのランドマークが一直線にならんでいる、というのは偶然とはいえ驚くべきことであるが、よくみると、矢代崎の八ないし一二キロメートル先、つまり千島よりちょっと先までは、野木山がかくれて見えないので千島と矢代崎でヤマを合わせるが、それより先になると野木山が谷あいから顔をだし、こんどは千島と野木山とを合わせることになる。そのばあい矢代崎はだんだん遠のいていって、背景の山々と融合して見えにくくなるはずである。

つまり、この三つのランドマークは、お互いに助けあって、海上に明確な一本の線を描きだしている。海上に、そういう見通し線をつくるうえで、野木山は重要な役割を果す可能性をもっている。野木山が信仰される大きなモメントになっているとおもわれるのである。

矢代崎は、このあたりで有名な岬である。その付根のところに小浜市矢代がある。六〜七世紀の製塩遺跡のある古い漁村集落である。裏山に矢代加茂神社がある。そのヤシロの祭礼に奉納される手杵《てぎね》祭は有名だ。昔、この裏に漂着した九人の唐の国の女たちを、村人たちが杵で殺害して財宝を奪った状況を生々しく再現し、罪の償いをする奇祭だからだ。

おなじようなことが父子山についてもいえる。

父子山は陸地から六キロメートルも内陸にはいった標高四六九メートルの平凡な高さの山にすぎないが、海とのあいだは、佐分利川の流域でさえぎるものがない。唯一さえぎるものとして大飯町尾内に高さ一一三メートルの小山がある。この小山と父子山を合わせると、小浜湾の中央に一本の太い線が引かれていくのだ。

すると、これもアテヤマの可能性がある、といえるのではないか。

なお、この小山の裾に黒駒神社という小社がある。昭和二一年（一九四六）に、それまでの遙拝社を改装して神社にしたものだ。この小山も、漁民たちの遙拝の対象となったものだろう。

以上のように、ここにとりあげた古社の背後の神山は、ほとんどみな海からよく見えて漁師たちのアテヤマとなる可能性をもっている。

じっさい御嶽山や多田ヶ嶽などは、有名なアテヤマとして漁民の信仰があついのだ。

そのほか、漁師のアテヤマで信仰の対象となっている山は若狭に数多い。二、三の例をあげると、小浜湾をかこむように、東西二つの半島がある。

小浜の久須夜《くすや》ヶ岳と飯盛山

その東の堅海《かつみ》半島には標高六一九メートルの久須夜《くすや》ヶ岳が若狭湾を睥睨するように立っている。その南の山麓、小浜市若狭の集落に椎村《しいむら》神社がある。『延喜式』式内社である。こんもりした椎の森のなかにあるのでその名がある。この森も、神奈備、すなわち神の鎮座する森だろう。近くに古墳もある。

このヤシロの社殿を拝む方向の先は、久須夜ヶ岳である。このヤシロに参った人は、しらずしらずのうちに久須夜ヶ岳を遙拝するのである。

また、小浜湾に面する最高の山に飯盛山がある。標高五八四メートルで海岸から三キロメートルほどのところにある。この山を神体山として祭っているのは、小浜市飯盛《はんぜい》の集落の人々で、そこに黒駒《くるま》神社がある。旧村社である。宝治二年（一二四八）に海中から出現した神を祭った、とされるが、その由緒はともかく、海に関係の深い古社であることにはちがいない。

このヤシロを拝む方向に飯盛山がある。つまりこのヤシロは、飯盛山の遙拝所という性格をかねているのだ。

その飯盛山は、小浜湾の漁師たちにとっての最高のアテヤマである。

若狭富士が美しく見える青海神社

山が美しく見えるところにヤシロが立つ
(福井・青葉山と高浜町青海神社)

小浜から若狭湾ぞいに国道二七号線を西へ走ると、行手に美しい三角形の形をした山がしばらくのあいだ目を慰める。若狭富士の名のある標高六九九メートルの青葉山である。若狭湾のどこからでも見え、もちろん、漁師にかぎらず、日本海航海者の重要なアテヤマである。

この山の東西の峰に青葉神社と西青葉神社があり、高浜町中山と高野、おなじく今寺の集落がそれぞれ奉祀している。山宮としては、りっぱな社殿をもっている。

さらに、その山麓の中山の集落にも青葉神社がある。苔むした薄暗い境内に、木の鳥居と一対の狛犬《こまいぬ》、燈籠、小祀があるだけで人の訪れた形跡もない。しかし、社殿は青葉山を背にしているので、これが青葉山の遙拝所であり、里宮であることがわかる。

これらはいずれも、泰澄《たいちょう》大師が養老三年(七一九)に、加賀白山の分霊を勧請したのに始まる、という。白山は日本海最大のアテヤマで、漁師や航海者にとっての神山である。泰澄は、日本海航路の開拓者といえる。

また、国道二七号線ぞいにある青海《あおうみ》神社は、履仲天皇の青海皇女の阿袁郷《あおのごう》から名をとったといわれる古社で、祭神を青海郎女《アオウミノイラツメ》とし、伴信友は海を支配した椎根津彦《シイネツヒコ》の子孫とする。式内社で旧郷社である。

このヤシロと青葉山をむすぶ線上には、石剣や石戈《せっか》の出土した遺跡や前方後円墳などがある。するとこれも、そもそもは青葉山の遙拝所からスタートした田宮であろう。

そして、このあたりからみる青葉山はことのほか美しい。山が美しく見えるところに神社が立地する一つの例である。それも、神社の前身が遙拝所であってみれば当然だろう。

7　神島が海の領域を決める

三方町と美浜町の境界にある常神半島の先端に、常神のムラと常神のヤシロがある。祭神は神功皇后とされる。

常神神社の創設神話

それは『日本書紀』のつぎの記述による。

皇后、角鹿《つぬが》より発《た》ちて行《いでま》して、停田門《ぬたのみなと》に到りて、船上《みふね》に食《みをし》す。時に、海鯽魚《たひ》、多《さは》に船の傍に聚《あつま》れり。皇后、酒を以て鯽魚に灑《そそ》きたまふ。鯽魚、即ち酔《ゑ》ひて浮びぬ。時に、海人《あま》、多に其の魚を獲て歓びて曰《い》はく、「聖王《ひじりのきみ》の所賞《たま》ふ魚なり」といふ。故《かれ》、其の處の魚、六月《みなづき》に至りて、常に傾浮《あぎと》ふこと酔へるが如し。其れ是の縁《ことのもと》なり。——「仲哀記」

ここで、ヌタノトというところがどこにあるのか、と古来から論争されてきたが、伴信友が「常神崎と丹生浦のある琴引が崎とのあいだを常神浦の古老が〝能多乃登《のたのと》〟と呼んだ」という小浜の市長《いちおさ》の木崎幸敬の話を紹介してから、この地に確定したようである。

伴は、その理由として、

……当國の浦人等の詞《ことば》に、波の太《いた》く起《たち》てうねるをヌタといひ、またノタともいひて、ヌタのたつ、ノタうつなどといひ、波の音をノタノオトなどとも云ふをおもへば、停田門《ぬたのと》を、言便にノタノトと訛《なま》れるなり。――『神社私考』

としている。そして、

此浦《このうら》の海人《あま》ども、其奇《そのくす》しき由縁《ゆえ》の隋《まにま》に六月に至《な》れば、常海《つねに》鯛魚《たひ》を獲《と》る事の多きを、聖王《めでたききみ》の賚《たまもの》として恩頼《みたまのふゆ》を辱《かたじけ》なみ歓《よろこ》びて、その皇后の御霊《みたま》を常神《つねがみ》と言祝《ことほ》ぎ称《たた》へ申して、祀《まつ》り奉《たてまつり》たりしなるべし

――同前

とヤシロの起源と祭神を推測している。

もっとも、ヤシロは始め「この半島の西の沖合五〇〇メートルのところにある御神島《おんかみしま》にあった」とされ「天仁元年にいまの地に移した」という。常神のムラができたのも二条天皇のころとされるから、ムラの創設のおり、鎮守としてそれまでの遙拝所に移建されたのではないか、と推量される。

さて問題は、ヌタノトである。それは、敦賀市の西隣りにある美浜町の前面の海である。若狭のリアス海岸のなかでも、もっとも広い海だ。

ある年の夏、美浜町の早瀬の漁師さんに案内されて海に出た。そして、美浜町のアテヤマについて、いろいろ教えを乞うた。わたしたちにとってはただの海なのに、漁師にとっては、海は陸上とまったくおなじで、たくさんの地域に分かれているのだった。

そのひとつに、つぎのようなことがあった。

山のあいだに神島が現れる

美浜の海の上には、西の常神半島と、東の旧山東町菅沼の城ヶ崎とを一直線に結ぶ線がある。その線より内陸側の海と外洋側の海とは、漁師たちのあいだでは厳重に区別される。では、その線をどうして決めるか、というと、常神半島の先端にある二つの山のあいだから、その向こうにある御神島の山が顔をのぞかせるわずかなポイントが海の上に一列にあって、それをつないでゆくのだそうである。

いわれてみると、常神半島の先の山の窪みのあいだに、ポツンと御神島が頭をだした。夕日を背景にして、それは「神島」というにふさわしい美しいシルエットだった。

かんがえてみると、若狭には、弥生中期以降の稲作農業の歴史があるが、鳥浜貝塚がしめすように、それ以前の縄文時代一万年の歴史がある。そしてその時代は、ほとんど漁撈にたよる生活だったにちがいない。そのとき人々は、朝な夕なにこういう風景を見つづけてきたであろう。

ヤマアテは、縄文人の文化かもしれないのである。

五　ある町の鎮守の森の記録——美浜町のヤシロと遙拝の構造

若狭の国の主なヤシロとヤマを見てきたが、つぎに、有名なヤシロやヤマばかりでなく、無名の、あるいはふつうのヤシロやヤマをも見ておきたい、そのためには、どこかひとつの町か村を選んで徹底的に調べたい、つまり、ヤシロとヤマの関係についての「全数調査」をしたい、とおもった。

一　白砂浜と黒砂浜——美浜町とムラ

若狭国の東の端に、美浜町がある。

若狭なる三方《みかた》の海の浜清み　い往《ゆ》き還《かへ》らひ見れど飽かぬかも（一一七七）

と『万葉集』に歌われた「美しい浜のある町」である。

その浜のひとつ、丹生《にう》の浦に面する浜辺は、かつて「雪白浜」と称された。よほど白く美しかったものだろう。いまも水晶浜とかダイヤ浜などとよばれて、海水浴客のメッカになっている。

それだけではない。美浜町には珍しいことに白砂浜と黒砂浜の二種類がある。美浜町の東半分の海岸が花崗岩の白砂浜、西半分の海岸が安山岩の黒砂浜となっているのだ。

その東半分と西半分とをどこで決めるか、というと、それは、美浜町の中央にある天王山である。この天王山を境として、白砂浜と黒砂浜とに分かれる。まさに天下分け目の天王山である。

というように、美浜町では、浜とどうじに山が大きな意味をもっていることがわかるのであるが、それは、たんに砂浜の色を決めるだけではない。美浜町の人々の生活全般にわたって、

美浜町の西海岸地帯から見た天王山
（美浜町松原）

山は昔から重要な役割を果たしてきたのである。

以下、美浜町の人々の生活と、鎮守の森、そしてこの山との関係を見ていくことにしよう。

海村と里村と山村

若狭国は、遠敷《おにゅう》郡、大飯《おおい》郡、三方《みかた》郡の三郡よりなる。美浜町は、そのうちのひとつ三方郡のおよそ東半分を占める。残りは三方町である。

町の大きさは、東西一九キロメートル、南北二七キロメートルで、町域の八割は山地だ。ここに一万三〇〇〇の住民が住んでいる。人々の主な生業は、昔から農林水産業であった。最近では、釣、海水浴、マリーンスポーツなどの観光関連産業がある。

しかし、これだけではあまり豊かとはいえない。そこでその貧しさを補うために、四〇年ほど前から

原子力発電所がつくられた。原発は美浜町だけでなく、若狭のあちこちにある。

さて町の構造をみると、東の海岸ぞいには旧山東村が、町の中央の耳川ぞいには旧耳村が、西の海岸ぞいには旧南西郷村と旧北西郷村がある、というところから、集落は、海岸ぞいか河川ぞいかのいずれかに発達していることがわかる。

そして海岸ぞいには海村、すなわちかつての浦が、河川ぞいには里村、つまり典型的な農村が、そして川をさかのぼる山の奥には山村がそれぞれ位置している。これは典型的な日本の地域構造ではないか。

弁天が海を仕切る

さて、美浜町で大切なものに海がある。

太平洋岸にくらべて日本海岸は、冬季を除くといっぱんに波静かで、そのうえリアス海岸が発達していて地形の出入りが多いために、この若狭の海も昔から漁業活動の盛んな地であった。

美浜町もその例外ではなく、かつて六つの浦があったが、現在も六つの漁港があり、六つの漁業組合があって、その漁業組合にしたがって、沿岸の海も六つの地籍に分かれている。東から丹生《にう》・菅浜・和田・久々子《くぐし》・早瀬・日向《ひるが》である（図1）。

そして、それら海上の地籍の境界は、海の上に杭を打つわけにはゆかないので、陸上のランドマークによって定められている。

たとえば日向地籍は、御神島《おんかみ》から嶽山《たけやま》の鼻まで、早瀬地籍は、嶽山の鼻から久々子の弁天崎まで、といったぐあいである。

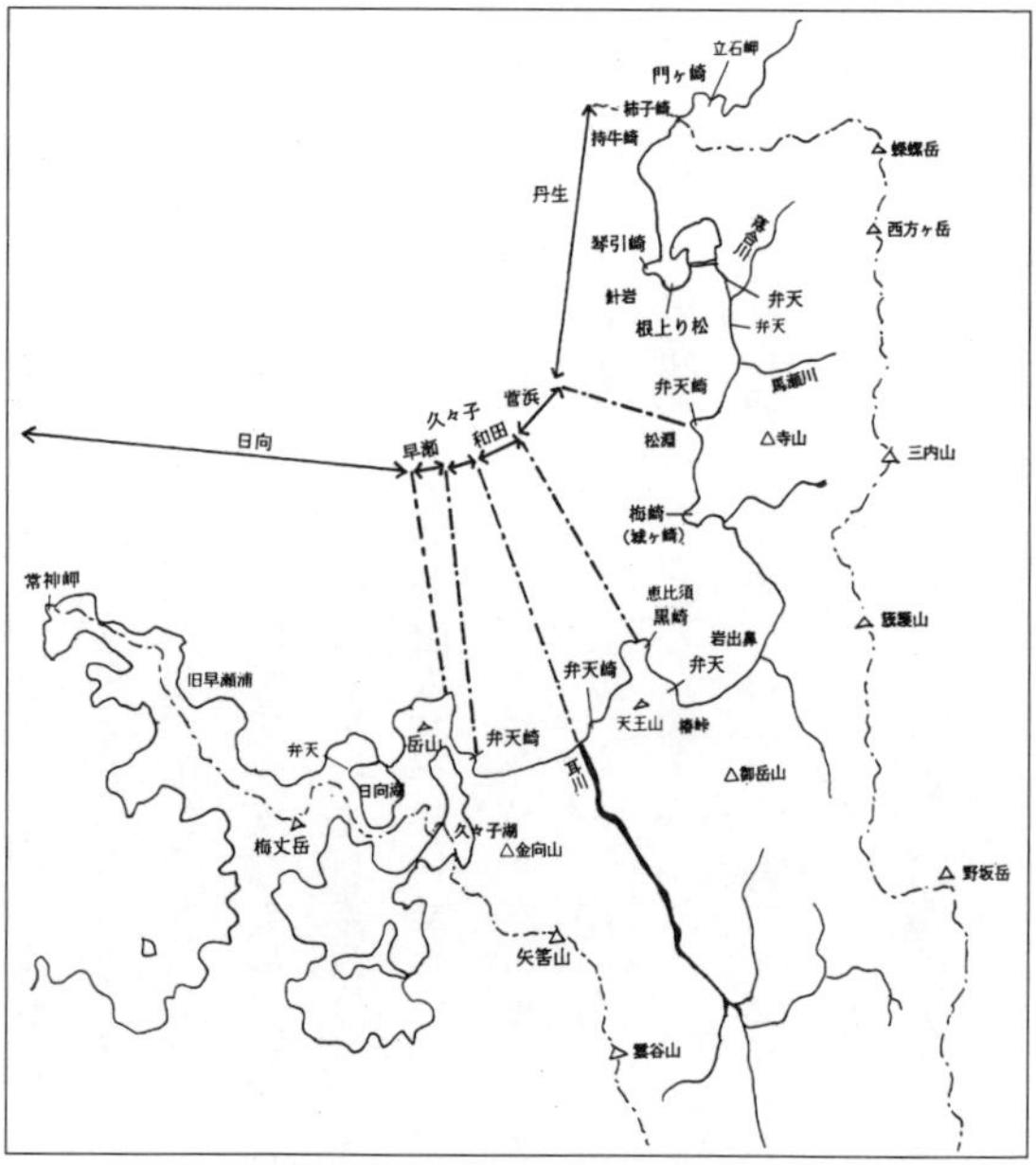

図１　美浜町の海の地籍（上が北）

それらのランドマークは、かつてはすくなくとも二点あって、漁師が海上の漁場の位置をおぼえるためにかんがえだされた「山立ての線」で構成されていた、とおもわれるが、現在は、美浜町の漁師にきいてもそのことはよくわからない。もっぱら県の漁業規則によって、地図上に図示された線によっている。

面白いことに、それらの地籍をしめす境界線の陸上のランドマークは、久々子地籍と和田地籍との境界が耳川であるほかは、みな崎《さき》か端《はな》である。とすると、ひとつの浦の単位は、だいたいにおいて、サキかハナのあいだであることがわかる。そしてこれらの境界になっているサキには、たいてい神社か祠《ほこら》がある。

たとえば、菅浜の弁天崎の岩場には祠が、黒崎には恵比須《えびす》神社が、耳川のそばの和田の弁天崎には宗《むな》

丹生と菅浜の漁区を分ける小祠
（美浜町菅浜）

像《かた》神社が、久々子の弁天崎にもおなじく宗像神社が、岳山の鼻には日吉神社が、といったぐあいである。

　そのばあい、それらの神社や祠にまつられる神はたいてい海と関係がある。

　たとえば、エビスは、全国各地で漁師の信仰する海の神である。弁天崎の弁天、すなわち弁財天《べんざいてん》は、がんらいインドの水の神で、わが国にはいってきたとき琵琶湖の竹生島に祭られたために、漁民の崇敬をあつめる海神となった。宗像神社は、いうまでもなく海の三女神を祭るものである。さらに日吉神社にはエビス神が合祀されている、などといったぐあいである。

　ところで、これらは地籍のランドマークになっているサキであるが、そうでないサキやハナなどの海面への陸地の突出部にも、たいてい名前がついている。

　それらの名前のなかでは、弁天という呼称が非常に多い。美浜の海岸では、現在でも、弁天あるいは弁天崎とよばれているところがすくなくとも七つはある。弁天は、サキあるいはミサキの代名詞にさえなっている。

　そして、それらのサキの海上部にはたいてい岩礁がある。沖縄ではこれを立神《たちがん》といい、海上から寄りくる神が第一歩を印す聖なる場所とされる。

若狭では、それが弁天あるいはエビスになっている、というところが面白い。

美浜町の三三のムラ

いっぽう陸地のほうをみると、その地籍は複雑である。

まず美浜町は、昭和二九年に、先にのべた山東村、耳村、南西郷村、北西郷村の四村が合併してできた町であるが、さらにさかのぼると、明治二二年（一八八九）には、山東村は丹生など八つのそれ以前の村および浦が、耳村は木野など一四の村および浦が、南西郷村は郷市など六つの村および浦が、北西郷村は早瀬を含む三つの村および浦が、それぞれ合併してできたものである。

つまり、江戸時代から明治初年にかけて存在した三一ほどの村および浦の集合体が、今日の美浜町を構成しているのだ。

これらの三一のかつての村および浦は、いずれも今日、それぞれ独自の集落を形づくっている。そのうち「小三ヶ」と称する三つの集落を一つとすると、合計二九の集落が、今日、美浜町内の行政区となっている。

そしてそれら三一の集落ごとに、みな鎮守の社《やしろ》をもっている。したがって、美浜町におけるヤシロの実態をみてゆくとき、これらの集落の存在を無視することができないのだ。

なおそのほかの行政区に、寛文五年（一六六五）に成立したけれどもながらく金山地籍にくみいれられていた久保、明治以後に佐野から分離した野口と上野、第二次大戦後に引揚者が開拓した雲谷、第二

図2　美浜町の集落分布図

次大戦後に形成された四つの新しい集落（けやき台、小倉、栄、矢筈）があり、合計三九の集落となっている。

ただしこれらのなかには鎮守のヤシロを形成するにいたっていないものがあり、またヤシロを形成していても比較的新しいものもある。さらに統計のとりにくいものもあるので、以上の美浜町の新旧三九の集落のうち、江戸時代からつづいた三一の集落と、明治に分離した二つの集落をふくむ三三の集落の鎮守のヤシロについて考察したい（図2）。

以下、これらの鎮守のヤシロをもつ三三の集落をムラと呼称する。そして、それらのムラを、明治後半期に成立した四つの旧村単位ごとにみてゆくこととする。東から順に旧山東村、旧耳村、旧南西郷村、旧北西郷村である。

調査と研究のテーマは「日本のムラとヤシロとヤマの関係」についてであるが、とくに遙拝という問題にしぼって見ていく。

2　海を背にして山を拝む——旧山東村のヤシロとヤマ

旧山東村は、一口に「美浜町の東海岸の浦々」といえる。

若狭と越前の国境である町の最北端の柿子崎の垂水瀑から、御嶽《おたけ》山と天王山を結ぶ線上にある椿峠までの約一二キロメートルの海岸線上に、細々とつらなる集落群である。

鎌倉時代には山東郷とよばれた。のちにのべる美浜町の東の主峯ともいうべき御嶽山の東の郷とおもわれる。戦国時代には織田庄山東郷に組みいれられた。

地形は狭長にしてほとんど平地がなく、零細な農業とわずかな商工業、それに漁業によって生計をたててきた。

明治には、江戸時代に村または浦であった丹生、竹波、菅浜、北田、佐田、太田、山上、坂尻の八つのムラが集って山東村となり、それぞれのムラが大字となった。

しかし、一〇〇年のちの現在も、これらの大字、すなわちかつての村や浦はムラとして顕在しており、それぞれ美浜町内の行政区となっている。日本のムラという名の集落の根強さを物語るものである。

なお、行政区としては、他に関西電力の職員住宅であるけやき台をふくめて九つあることになる。

①丹生

丹生の集落は、敦賀半島の西にある蠑螺《さざえ》が岳（標高六八五・五メートル）と西方が岳（七六四・一メートル）の西麓に位置し、若狭湾に面する。

小さな半島が北から西、そして南にさがって「丹生の浦」を構成し、それをとりかこむように家々が建ちならんでいる。

延喜一九年（九一九）に「渤海使がこの丹生浦に漂着した」という記録がある（『扶桑略記』）。古来からこのあたりの重要な港であったろう。「丹生干軒」といわれて繁栄した伝承がある。

現在、集落は美浜町の最北端にあって、天然の良港ともいうべき丹生の浦のなかに漁港を保持している。優れた漁区と漁業組合をもつ。典型的な漁村といえよう。

人口は、江戸時代の文化四年（一八〇七）には三一五、明治四二年（一九〇九）には四五五を数えたが、平成八年現在は三五三である（以下年号は同じ）。少なくとも二〇〇年このかた、ムラの人口はあまり変化していない。

鎮守は、丹生神社で『延喜式』神名帳にその名の記載がある。

のち、丹生の明神といったり、江戸時代には加茂明神とも称したが、あとにのべるような経緯をへて、今日ふたたび加茂神社、あるいは丹生神社として存在している。

丹生神は、かつて大和に多くみられた水銀採掘者集団が祭った神である。しかし、若狭出身の国学者・伴信友は、その膨大な神社研究の大著『神社私考』のなかで「加茂明神」の祭神を不明としている。

丹生神社は、明治四一年（一九〇八）に金刀比羅神社と愛宕神社を合祀している。現在、丹生にある田ノ口と奥ノ浦という二つの大字のうち、田ノ口の南の森のなかにある。しかし、美浜町の郷土史家の大同芳男は、丹生神社は、かつて奥ノ浦の山麓の阿弥陀寺境内附近に加茂神社として存在した、という。

草をかき分けかき分け現地を調べてみると、加茂神社の小祠がのこされている。その拝む方向の先に、古墳時代の阿弥陀寺一号墳がある。さらにその先にカリテ山とナガオ山がある。小祠から拝む方向はこのうちカリテ山である（図3）。

図3　丹生奥ノ浦の旧加茂神社跡(左)と参拝の方向(上が北、以下同じ)

図4　丹生田ノ口の丹生社と参拝の方向

また、小祠のそばの阿弥陀寺の住職の話によると、明治の神社合祀令によって、ここにあった加茂神社は、佐田の織田神社に合祀されたそうである。

なお、このあたり一帯には、縄文時代の製塩遺跡がある。

かつて丹生千軒といわれたころの集落は、この阿弥陀寺より上手にあったが、地震で崩壊したため現在地に遷った、という。

このように、丹生神社が、昔、奥ノ浦にあったとすると、丹生は、かつて奥ノ浦と田ノ口という二つの小名により構成されていたのでそれぞれが鎮守をもっていた、とかんがえられる。つまり、丹生神社は、かつての奥ノ浦の鎮守であり、いっぽう、いま田ノ口にあって加茂神社とされる丹生神社は、かつての田ノ口の鎮守だったのではないか。奥ノ浦の加茂神社がなくなったとき、社殿をととのえて加茂神社、すなわち丹生神社と称したのであろう。

さて、田ノ口にある現在の鎮守の丹生神社は、集落を離れた山裾にある。

立地のタイプは、のちにのべる「奥城《おくつき》型」である。字は「北宮脇」、境内地の面積は五五九坪である。

氏子数不明。

社前に立つと、海を背にして山を拝む（図4）。

その拝む方向の三キロメートル先には蠑螺が岳があるが、この山が参拝の対象になっているかどうかはわからない。

またその手前に標高三一一メートルの小山があるが、これについても不明である。

ところで、田ノ口の集落の背後の山には金比羅宮がある。拝む方向は、丹生神社とおなじく山である。

また、奥ノ浦と田ノ口を分ける山の上にも、丹生神明神社がある。丹生半島を構成する山（三〇八メートル）を向いている。

そこからさらに山のほうにすすむと、丹生愛宕神社がある。旧加茂社の山宮とかんがえられる。そのあたりは、かつて丹生千軒として栄えた集落があったところといわれる。

ほかに丹生明神神社がある。

これらは、明治の神社合祀によって廃絶されたはずのものであるが、現実にはその多くが現存している。神社合祀令は、人々の抵抗によって貫徹していなかったことがわかる。

また、丹生半島には原子力発電所がつくられ、丹生の浦の湾口に丹生大橋がかけられているが、その橋のたもとの海中に岩があり、丹生恵比須神社という小祠が祭られている。

この小祠は、たまたま船上から漁師に教えてもらったもので、陸上の人々は、ほとんど注意を払っていない。

②竹波

西方が岳の西麓、落合川と馬背川にはさまれた海岸ぞいの落合川（旧浄土寺川）の河口に、竹波の集落がある。

落合川右岸の下流域には、縄文時代の人間の足跡をしめす浄土寺古墳群や遺跡がある。古墳は山陵に、遺跡は山麓にあることは、のちの考察とあいまってかんがえさせられる。

竹浪の名は鎌倉期からみえるが、多くは竹波・馬背と併称されている。元は二つの集落があっただろう。のち馬背に大火があり、人々は弘治年間（一五五五〜一五五八）に竹波へ移住した、といわれる。その竹波も、元は敦賀方面に向かう山中にあったものを、山賊の難に苦しんでいまの場所に移した、というから、歴史的にみると集落というものは、名前は変わらなくてもけっこう動いている。「山賊の難」とは何か、とかんがえさせられる。

かつては竹浪浦とよばれた浦であったようだが、丹生浦との争いに破れ、いまでは漁業に従事する者は少なく、農業にいそしむ者が多い。

人口は江戸時代二三二、明治時代三一〇、現在一七二である。

鎮守は高那彌《たかなみ》神社で、『延喜式』に所収されている。創立年代不詳。のち、竹浪明神と称した。江戸時代には、ジケ谷というところにあって、山王御所大明神、あるいは石上大明神と称した、という（『若狭国志』）。現在、馬背川の下流左岸に「元宮」「宮前」の字名があるから、ここがその跡なのかもしれない。

古いヤシロで、祭神は定かではない。現在は日吉神社を合祀している。字「古道」、境内地の面積七〇〇坪、氏子数五〇戸。

集落を見下ろす山麓に位置している。典型的な「裏山立地型」である（図5）。

社前に立つと、人は海を背にして山を向いて拝むことになる。

その方向のやや北にずれたところに、西方が岳（七六四メートル）がある。照準は、その手前の小山（四八五メートル）に合っている。しかし、これらの山への参拝の意味があったかどうかは不明である。

あるいは、ジケ谷などの旧蹟を拝する可能性もある。

しかし、なぜ山に向かって拝むか、というと、社殿を建てかえるときに、海からよく見えるように、

海の地籍を分けるようにランドマークには祠がある
（美浜町）

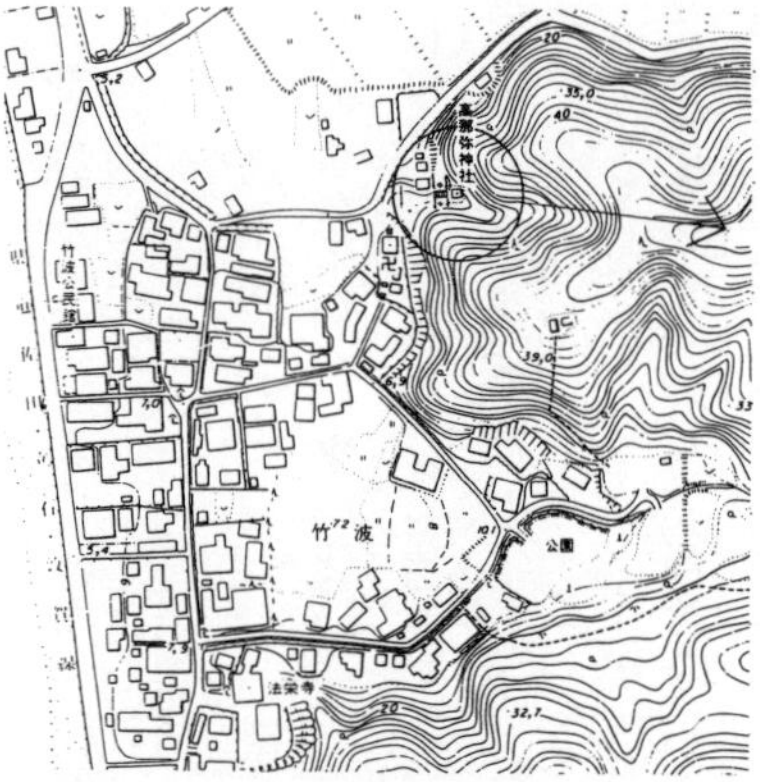

図5　竹波の高那彌社と参拝の方向

それまでの社殿を一八〇度回転させたことがかんがえられる。「社殿自身を海からのランドマークにしよう」という意図である。そういうことは、日本の神社の祖型をのこす沖縄の御嶽にもよくあることで、珍しいことではない。わたしの経験では、沖縄の多良間島にその例があった。昔、海を向いて拝んでいた社殿が、ここ四、五〇年のうちに陸を拝むように変ったのである。

天気のいい日で、海がすごく近く見えたのが印象的だった。

③菅浜

菅浜は、西方が岳の南の三内山（五二二メートル）のさらに西、かつて黒富士とよばれた独立峯の寺山（四一八メートル）の山麓にある。

寺山も、神山をおもわせる名である。菅浜は、その山麓の城ヶ崎という岬の付け根にあり、越地川の河口にあって若狭湾に面している。その昔、天日槍《アメノヒボコ》が若狭に進出したとき、しばらく滞在した地といわれるから、かなり古くから拓けていたのだろう。

菅浜浦の名は、鎌倉期からみえており、農業が盛んになる以前は、このあたりの漁業中心として、相当の集落だったろう。佐田の入江、あるいは織田湾を支配する浦でありながら、その南にある佐田、太田、山上などの農業集落とは山塊によってへだてられていて、ひとつの独立漁業王国を形成した、ともわれる。

しかし漁業のほかに農業も盛んで、南北朝の応安年間（一三六八～一三七五）には、守護の一色範光に反抗する国人一揆の拠点となり、この地で守護代の軍勢と合戦した、という。

毎年八月一五日におこなわれる「精霊《しょうろう》船送り」は、県の無形民俗文化財に指定されている。

人口は江戸時代五三一、明治時代七〇〇、現在は六〇〇である。

字「宮山」に式内社の須可麻《すかま》神社がある。『延喜式』に記載があり、のち菅竈《すかま》明神と称せられた。創立年代不詳。菅浜の鎮守である。境内地面積四〇九坪。氏子数不明。

祭神にかんしては古来から諸説がある。伴信友は、新羅の王の天日槍《アメノヒボコ》の八代目の子孫の菅竈由良度美《スカマユラトミ》ではないか、という。現在は、世永《セナガ》、麻《マ》

崎や端には「弁天さん」が祭られる
（美浜町菅浜）

図６　菅浜の須可麻社と参拝の方向

気《キ》二神を併祀している。これらも素性のはっきりしない神である。

まず世永神は、三方郡や大飯郡の他の海辺で多く祭られているから、漁業に関係のある神か、とおもわれる。かつては南文珠という字にあったが、明治四一年に須可麻神社に合祀された、とされる。

また麻気神については、福井県の丹生郡や足羽郡に麻気神社があり、それらとの関係が取沙汰されている。なお、当ヤシロは麻気神社ともいわれる。

集落を見おろす「裏山立地型」で、そばに稲荷社がある。ともに海からよく見える。

人々の拝む方向は、海を背にする東である（図6）。

その先に、須可麻神社東古墳がある。古墳時代のものである。

およそ三・五キロメートル先に三内山があるが、これは少々北にずれている。

ヤシロと古墳の延長上には、標高四〇一メートルの小山がある。周囲の状況からみて、神の座する神山か、とおもわれる。この山は漁師のアテヤマとなっている。

また、この山の裏の茶谷といわれる谷間に「五輪の谷」とよばれるところがあり、窯跡の伝承がある。菅竈明神という名前との関係を想像させる。

④北田

北田は、三内山の南の旗護山《はたご》（三一八メートル）の山麓にある。

旗護山を源流とする奥丈川の川口にあり、織田湾に面している。

地名は、旧山東村の中心地である佐田より北にあたるからであろう。「田」の字のつく名のとおり、昔から農業に専念してきた。

菅浜との境界の小川の流域の乙見に、弥生時代の乙見古墳群があり、古くから開けた土地であったことをしめしている。金環、祝部土器、曲玉などを出土している。

昔は乙見に人が住んでいたが、治安が悪く北田に転入した、という。

人口は文化のころ二三一、明治三〇三、現在一八四。

鎮守は織田神社である。『延喜式』にいう織田明神である。創立年代は、景行天皇六年とされる。古いヤシロである。

もっとも、このあたりに織田神社は二つあって『若狭国志』は佐田の織田神社を正統とするが、伴信友はこの北田の織田神社を『延喜式』の式内社にあてている。

集落は栩原《とちばら》川をはさんで二つに分かれるが、右岸の集落のなかに「式内織田神社」の標柱がある。この標柱は、一の鳥居のように、街道にあってヤシロの入口をしめすものとおもわれる。その標柱から参道がはじまる、といってよい。

織田神社は奥丈川の左岸、かつては岬をおもわせるような尾根の先端にある。字「宮の森」という(図7)。字に「宮」という字がつくから、あとの考察で述べるようにここが式内社であった可能性が高い。海の見晴らしがよい。境内地面積六〇〇坪、氏子数五〇戸。

図 7　北田の織田社と参拝の方向

祭神の国常立命《クニノトコタチ》については、地元には、海から上陸してきた神という伝承がある。じじつ、この神社からは海がよくみえる。

集落と接続せず、また距離もありすぎるので「裏山鎮守」ではない。その形からみて、海と交信することを意図して建てられたものであろう。つまり社殿そのものが、のちにのべる沖縄のお通し御嶽のようなシメではなかったか、とおもわれる。社殿は山を背にして西北を向き、したがって人々は東南を拝む。

その方向のすぐ前に、北田神社古墳がある。古墳時代のものである。

また、すぐ目の前に小丘（五九メートル）がある。神山ではないか、とおもわれる。附近に「関山」という字名があるので、昔は関山といったものだろうか。

さらに、およそ二キロメートル先には野坂岳（九一四メートル）の前山（二一三メートル）がみえる。しかし、これらの山がこのヤシロからの参拝の対象になっていたかどうかはわからない。

ほかに饗神神社、愛宕神社、天満神社、稲荷神社などの小祠がある。稲荷神社は、もと乙見にまつられていたが、いつのころからか織田神社に遷座された、という。

⑤佐田

旗護《はたご》山の南にある関峠の西麓のあたり、関峠から流れてくる川と金瀬川とにはさまれた海岸段丘上に、佐田の集落がある。

佐田は、昔からオッタとよばれてきた。これはかつて、このあたり一帯、すなわち旧山東村と旧西郷村がともに織田郷といった名残りか、とおもわれる。あるいは佐田の旧名は織田で、むかし織田八郎、またの名を佐田八郎とよばれた豪族の名に由来する、ともいう（『若狭国志』）。東の城ヶ崎と西の黒崎にかこまれた入江も織田湾と記されている（『三方郡志』）。

古くから農業によって開けてきたが、東の関峠をこえると敦賀にいたる、という交通の要衝にあるところから、商業も盛んであった。昔は、漁業もあったろう。

人口は文化六四四、明治七一一、現在は八九八で、美浜町最大のムラである。

ここにも織田神社がある。佐田の鎮守である。国常立命をまつる郷社で、式内社としている。創建は景行天皇六年といわれる古墳時代である。

もっとも、さきにものべたように北田にも織田神社があって、両者は古くから正統を争ってきた。織田神社に伝わる「先祖系図並由緒記控」によれば、織田明神は、景行天皇六年四月に北田へ、同五月に佐田へ鎮座した、というから、両社とも、その主張に根拠があるわけである。こういう「式内社争い」は各地に多い。

山神社、八柱神社、八幡神社のほか、つぎにのべる太田の山祇神社、日吉神社、八幡神社の三社を合祀している。

　祭神には、佐田が王の舞を、太田が獅子舞を、のちにのべる山上がソッソを奉納する。ソッソとは、その昔、彌美《みみ》神社から織田神社へ御幣を盗んできたときの所作をさす、という。神社間で、ご神体の争奪合戦も盛んだったようである。

　織田神社は、集落の東南、一キロメートルほど先の山麓に位置している（図8）。字「織田所」、境内地面積は四六六八坪と大きい。境内のなかは鬱蒼としている。氏子数三〇〇戸。

図8　佐田の織田社と参拝の方向

　これは集落から離れているので「裏山鎮守」ではない。オクツキといえるのではないか。つまり「墓所」である。大伴家持の歌（『万葉集』）に、

　大伴の遠つ神祖《かむおや》の奥津城《おくつき》は　しるく標《しめ》立て人の知るべく（四〇九六）

とあるように、オクツキは、目立たないところにあったのである。だから標《しめ》すなわち神の領域、あるいは特定のひとの所有物であることをはっきりしめさなければならない、という。

　田園のなかに、松林のうちつづく長い長い直線の参道があるが、これが、いつ、どうしてできたのか、興味深い。

しかし、社殿の参拝軸は、この参道の軸と四五度ずれている。拝む方向は東北で、すぐ前に毛の鼻遺跡がある。時代は不明。

さらにその先には、標高一四〇メートルの小山があり、愛宕《あたご》神社がある。ヤシロのなかにある遙拝所は、この愛宕社を拝む。

さらに、その軸線をおよそ二キロメートルほど延ばすと、旗護《はたご》山がある。民俗学者の金田久璋は「ハタゴはアタゴの訛ったもので、そのアタゴも、もともと京都の愛宕《おたぎ》郡のように、オタギ、すなわち御嶽《うたき》の転ではないか」という。するとこれも神山とかんがえられ、また海上からよく遠望されるところから、アテヤマの可能性が高い。

そしてこのヤシロが、これらの「神山」を拝するのでなければ、なぜ参拝軸が参道の軸と大きくくずれ、参道とも海とも離れてそっぽを向いているのか、その理由がわからない。創建当時の姿から変更したこともかんがえられるが、社殿の前の樹木の配置などをみると、あまり大きな変更があったようにもおもわれない。

織田神社の末社は多いが、なかに恵比寿神社があり、蛭子《ひるこ》神を祭っているので注目される。

さらに、独立したヤシロとしては今市神社がある。附近に、縄文時代の今市遺跡がある。古くから拓かれた地であることがわかる。

ほかに、社殿のあるものとしては八幡神社がある。小祠としては、春日神社、八坂神社、塩竈神社、山神神社、八柱神社がある。

なお、村の発祥の地としては織田神社周辺と八柱神社附近の二説がある。八柱神社周辺の丘陵には、八幡神社のほかに佐田帝釈寺古墳群があって古墳時代後期の古墳が集中し、人物埴輪等も出土している。八柱神社は、海を臨むように建てられていて、注目される。

⑥太田

太田は、佐田の南、乗鞍岳の山麓、金瀬川と太田川の上流域に位置する。

周囲を山にかこまれ、山峡の観を呈する。かつて、山本、中条、門前などの小村をあわせて太田村と称した。農業を主とし、近くにJR東美浜の駅がある。

人口は文化三四一、明治三六一、現在二八五。

昔は、山祇神社、日吉神社、八幡神社などがあったが、明治四一年にすべて織田神社に合祀された。しかし、現在、集落のなかの字「下中筋」に鎮守の八幡神社がある（図9）。祭神は応神天皇である。

創立年代不詳。境内地不詳。氏子数六九戸。

まわりには古墳時代および中世の下中筋遺跡がある。

西に向かって拝む。

二キロメートル先には、御嶽山の前山で標高一九七メートルの城山がある。

その山の並びに、戦国時代に粟屋勝久が拠った国吉《くによし》城がある。若狭の人々がこの城によって越前朝倉勢の攻撃を防いだ話は、いまに語りつがれる。

その城山は、陸からも海からもよく見える。するとこれは、なんらかのアテヤマだった可能性がある。漁師にかぎらず、集落からのアテヤマでもある。あるいは古くからの神山か。でなければ、なぜこの社殿が、内陸でも海でもない中途半端な方向を背にして建っているのか、説明がつかない。

ほかに稲荷神社、山神社の小祠がある。

⑦山上

太田の西、御嶽《おたけ》山（五四九メートル）の北麓、太田川の中流に位置する。

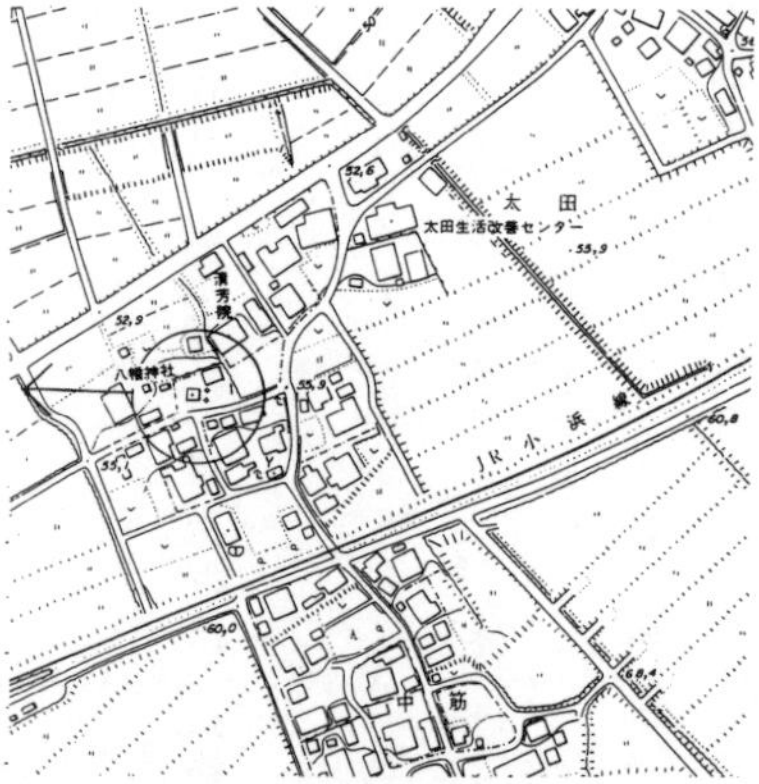

図9　太田の八幡社と参拝の方向

図10　山上の社と参拝の方向

海に面しない内陸の集落で、太田と似たような性格をもつ。

人口は、文化三二七、明治四〇五、平成は三一八。

山上の鎮守は、天満神社とされるが（『三方郡志』）、現在は字「山の神」にある山上神社である。菅原道真を祭る。山上の産土神《うぶすな》とされる。創立年代不詳。集落の東縁にある（図10）。境内地面積二五〇坪。氏子数八二戸。

拝む方向は東である。

その参拝の延長線上に何があるのか不明である。

山上神社には、山神社と八幡神社が合祀されている。ほかに秋葉神社、愛宕神社、行者社の小祠がある。これらはみな山中にある。

⑧坂尻

坂尻は、御嶽山塊が海につきだした天王山（三三一メートル）の東山麓にある。

地名は、旧耳村へといたる椿峠の坂の尻に位置しているところからつけられた。

織田湾をかこんで、北の菅浜と相対立する漁港がある。漁業に従事する者は多いが、海の地籍は菅浜に所属している。

ここにある水田はゼロメートル地帯で、古来、機織池《はたおりいけ》とよばれ、国吉城の天然の濠でもあった。池のなかには、かつて機織姫神社が祭られていたが、いまは一言主《ひとことぬし》神社に合祀されている。

丹後街道沿いに松林があり「ミニ天の橋立」といわれたこともある。

人口は、文化二二九、明治二八八、平成は二二九と、この二〇〇年間、ほとんど変化がない。

鎮守は一言主神社で、祭神は味鉏高日子根《アジスキタカヒコネ》神とされる。創立年代は不詳。字「村内」の山麓の斜面に、集落を見下ろすように建っている（図11）。境内地面積五七六坪。氏子数不明。

拝む方向は西で、天王山を向いている。

図11　坂尻の一言主社と参拝の方向

天王山は円錐形をした神奈備山であり、また漁師の典型的なアテヤマである。八幡神社、機織姫神社、金幣神社、西宮神社、山神社、宗像神社、愛宕神社などが合祀されている。独立した社殿としては、愛宕神社、山神社の小祠がある。ムラから天王山頂にいたる登攀路の途中に並んでいる。そこからムラを一望できる。愛宕社は当ヤシロの山宮とかんがえられる。

さらに、坂尻の集落の西側は、天王山の山腹が海に没し、屏風のように崖が連なっている。集落から近いところに、弁天といわれる岩礁がある。半島の先端部の黒崎とともに、沖ゆく漁民の目標となっている。

岩々を危なっかしく伝いながら参る。そこに弁財天神社があり、市杵島《イチキシマ》姫命が祭られている。かつては、現在地より、まだ七~八〇メートル北にあったという。だいたい、ここへは、船で参るものだそうだ。

また、集落の東の海岸に岩手鼻とよばれるところがあり、切りたつ崖の下に海がせまっていて、昔から交通の隘路であった。おかげで、天王山塊と岩手鼻とのあいだに小さな入江ができ、織田湾のなかで、坂尻は独立した地位をえていたのである。

しかし、江戸時代以来のたびたびの破砕工事によりしだいにそのハナはなくなって、今日では国道敷となっている。

3　川を背にして山を拝む——旧耳村のヤシロとヤマ

旧耳村は、美浜町の中央を流れる「耳川周辺の農村群」である。東西六キロメートル、南北八キロメートルほどの細長い地域で、古代には、耳別一族の統治したところとされ、耳庄といわれる。江戸時代には、一四の村または浦をふくむ耳庄組で、明治になると、そのまま一四の大字にわかれた。木野、和田、河原市、南市、佐柿、中寺、麻生、宮代、安江、五十谷、寄戸、新庄、佐野、興道寺である。これに佐野から分離した野口、上野をくわえた一六集落を考察対象とする。

これらは、山東村の「漁村群」にたいする耳川ぞいの「農村群」といえる。例外としては、和田の漁村、新庄の山村がある。いまもむかしも、美浜町内の中枢地帯である。

なお、行政区としては、安江、五十谷、寄戸をあわせて小三ヶとして一つに扱い、他に、南市の再開発にともなって分離した栄のほか、小倉、雲谷の合計一七がある。

①木野

木野は、山容を海に突きだした秀麗な天王山の内陸がわの南斜面にある。

かつては、耳川が、木野神社の下から天王山の山麓の西半分をまわり、和田の岩淵をへて海にそそいでいた。そのためか、丹後街道もこの耳川に沿っていたから、木野は交通の要衝だった。「木野千軒」といわれたこともあった。

さらに、この集落の住民の大部分は大同という姓をもつが、それは、その祖先が坂上田村麻呂にしたがって軍功があり、姓としてときの年号の大同をたまわったから、といわれる。昔は大集落であったが、佐柿村を建てたとき、現在の大同氏一軒をのこしてみな佐柿村へ移った、という。

古墳時代に開発された、とみられる古い集落であるが、具体的に「木の」という地名がみえるのは戦国期からである。

江戸時代の人口は六四、明治は九四、そして平成の今日は一〇五である。

鎮守の木野神社は『延喜式』の木野明神に比定され、祭神は一説に天日方《アメノヒカタ》奇《ク》日方《シカタ》命といわれる。伴信友は不詳とする。

江戸時代には二宮大明神と称された。地元の伝承によると、このあたりの総鎮守だそうである。若狭の一の宮である若狭彦神社に次ぐのではないか、という。また、のちに述べる宮代に鎮座する彌美《みみ》神社の元宮ともいう。

参道が、集落の南を流れる水路から、集落を抜けて一直線に北へ三〇〇メートルほど向かっている。参道の両側の林のなかに、五世紀の古墳がある。

ヤシロは、支脈の尾根というより、ゆるやかな山麓斜面に立地している。附近には「宮西」「宮ノ脇」などの字名がある。しかし、集落とは接していないので「裏山立地」とはいえない。「奥城」の感をふかくする（図12）。参道を歩く道は、気持ちがいい。字「宮ノ上」、境内地面積一〇三八坪。氏子数二一戸。

社前に立つと、拝む方向は山である。

七五〇メートル先には天王山があるが、参拝軸はそれよりすこし西にずれている。天王山を拝むものかどうかわからない。

なお、現在の社殿の位置は、かつての「神殿」跡である。現在の拝殿を建てたとき、遺跡遺物が大量に出たそうだから、あるいは、神殿というより、人骨などの埋葬地だったかもしれない。すると、かつてのヤシロは、その埋葬地に向かって参拝したものではないか。

森の奥にヤシロがある（美浜町木野神社）

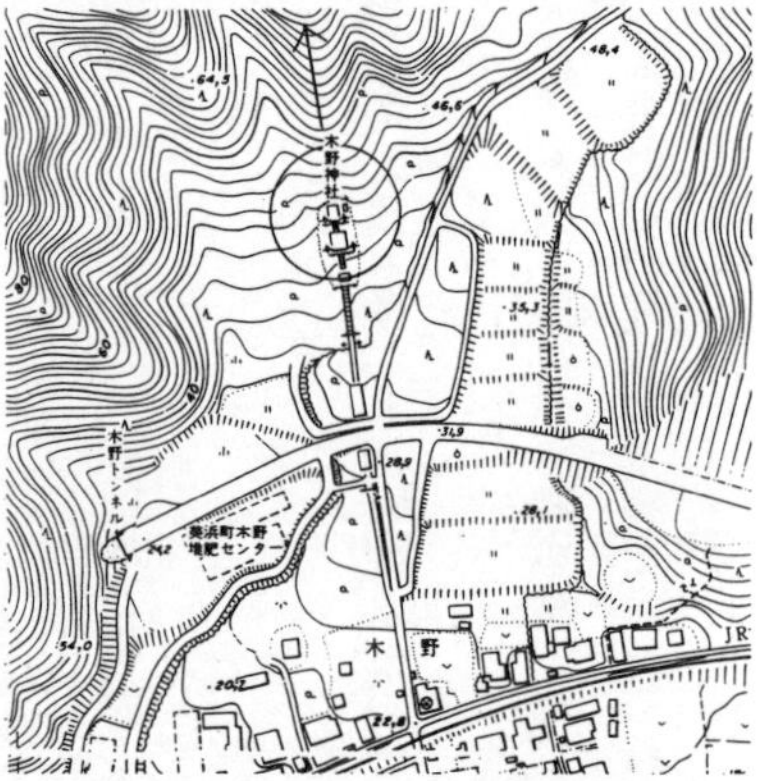

図12　木野の木野社と参拝の方向

なお、天王山の山頂には広嶺神社があり、海を拝むように建っている。神奈備《かんなび》山の天王山は、海からのかっこうの目標だからであろう。広嶺神社には、牛頭天王《ごずてんのう》が祭られ、天王社と称した。天王山はそこからでた名である。

天王山には、木野、佐柿、和田、坂尻からのそれぞれ登り道がある。四月下旬に人々は参拝するが、ムラで火災があったときなどは、マナゴとよばれる海岸の丸い小石をひろって参る、という。

なお江戸時代に、木野の枝村であった佐柿に神社の所有権が移転してしまい、いまでは佐柿の管理となっている。

ほかに独立のヤシロとしては愛宕神社の小祠がある。天王山の登攀路にあり、集落をみおろすように建っている。祭のときには広嶺神社とどうようの御幣を収める。

かつては広嶺神社が木野神社の山宮であったが、佐柿にとられてしまったので、いまでは愛宕社が山宮になっているのではないか、とおもわれる。

②和田

和田は、天王山の西麓、耳川の河口部の海のそばの弁天崎にある。

かつては黒崎から耳川河口部までを漁区とする浦であったが、いまは漁業組合も、海の地籍もあるけれど、漁港はない。浦名は戦国期にみえる。

人口は、江戸時代一五四、明治時代は一三九、現在は一四四とあまり変化がない。

常神社と胸肩《むなかた》神社の二つがあって、鎮守は常神社である。

集落の背後の石段を上がったところ、山の尾根の先端部の字「森中」にある。その下は字「宮下」である。ひろく集落を見おろすように建っている（図13）。境内地面積一四七坪。氏子数不明。

神功皇后を祀り、子安大明神ともいわれる。またこの祭神には「袴《はかま》かけずの大明神」という異称がある。昔、この神のご神体は海からやってきたが、そのとき浦人が、袴ですくいあげて氏神にした、というので、この神は、人々が袴をはいて参るのを嫌うのだそうである。

なお彌美神社の祭礼には餅でつくった鯛を奉献する、というから、祭神が神功皇后であることとかんがえあわせて、さきの常神半島の常神社と同一の信仰であろう。

社殿は海を向いており、拝む方向は南南東の内陸である。その方向の六〇〇メートル先には標高九五メートルの天王山の前山があり、そこには古墳時代の木野古墳群がある。さらにそこから軸線をのばすと、正確に彌美神社にぶつかるが、それは意図されたものかどうか不明である。

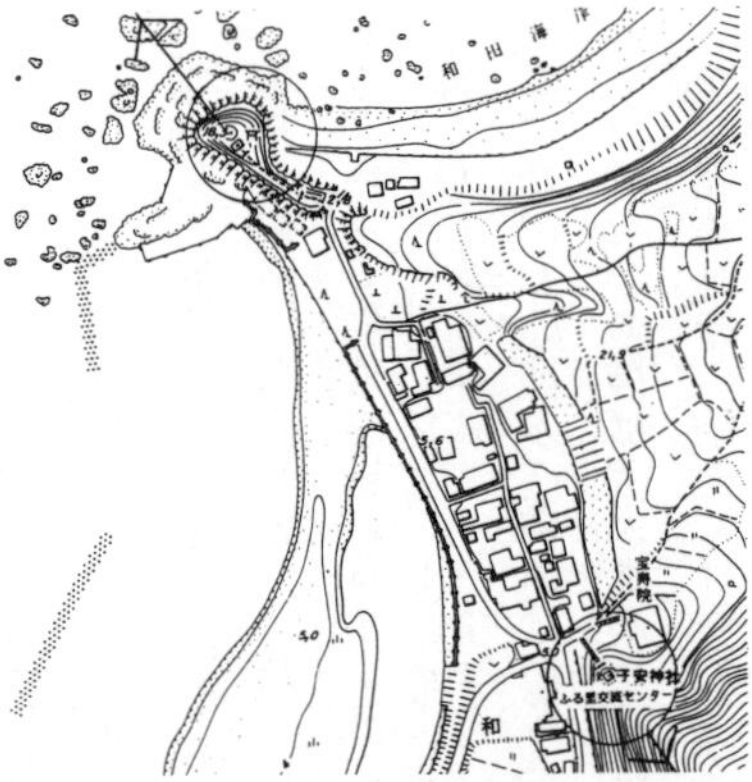

図13　和田の常社と参拝の方向

海を望む弁天さん(美浜町和田)

常神社の北の海岸の海に突出した岩山の上に、和田の弁天がある。胸肩《むなかた》神社という。宗像神社とも書き、祭神は市杵島比売《イチキシマヒメ》命である。弁財天を習合しているところから、弁天の称がある。

この神は、昔、海からやってきた、という伝承がある。
岩山を上っていくのは、結構スリルがある。しかし、それだけの甲斐はある。弁天を拝む方向の先は海で、木の間隠れに見える海の眺望がすばらしいからだ。典型的な海上を拝するヤシロといえる。

③河原市

これから耳川右岸をさかのぼっていく。河原市は、耳川下流域の右岸にある。敦賀と小浜をむすぶ官道である丹後街道、現在の国道二七号線上に位置している。かつて、耳川の河原で市が開かれたところから名づけられた、といわれ、ために氏神に市姫神社を祭る。祭神は、市杵島比売命とされる。

商業が盛んで、昔から小市街をなしていた。

人口は、江戸時代一九七、明治には三五七、平成は四六四と増加している。

ここには、秋葉神社、稲荷神社があり、鎮守は市姫神社である。字「辻」にある。境内地面積三一一坪。氏子数不明。

集落の北のはずれにあって、社殿は東向き、したがって人々は西を向いて拝む（図14）。西は、すぐそばに耳川が流れている。したがって、奈良の広瀬神社のように川を拝むもの、とかんがえていいのではないか。

かつては、河原で市が開かれていた、という。

図14　河原市の市姫社(上)／南市の明治社(下)と参拝の方向

④南市

南市は、河原市の南、耳川右岸にある。もと、河原市の小名であったという。明治の初年にいまの名となった。

昔からこの集落より、海外移民あるいは出稼ぎが多かった。農業、商業に従事するほか、内陸に立地しているにもかかわらず、漁業従事者が多い。

人口は、江戸時代は三七二、明治は九六八、平成は八七三である。

かつては八幡社があったが、焼けていまはなく、かわりに集落のなかに明治神社がある（図14）。祭神は明治天皇である。明治一一年に勧請している。境内地面積二一七坪。氏子数二九〇戸。社殿は北を向いていて、人々は南を拝むが、その方向の意味は不明。ほかに、栄区に栄神社があり、室毘古王《ムロビコ》を祀っている。

⑤中寺

中寺は、耳川右岸、河原市や南市の上流にある。

鎌倉時代の文書にある寺院の名から転訛したもの、とかんがえられる（『園林寺文書』）。人口は、文化のころ一一〇、明治一四〇、ただいまは一三二。

字「宮ノ下」に西宮神社があり、中寺の鎮守となっている。集落の縁辺にある（図15）。海の神の蛭子《ひるこ》神を祭る。境内地面積一七二坪。氏子数不明。

拝む方向は西で、そこには耳川がある。河川のすぐそばにあるこの神社も、河原市の市姫神社とどうように河川を拝するものとかんがえられる。

⑥佐柿

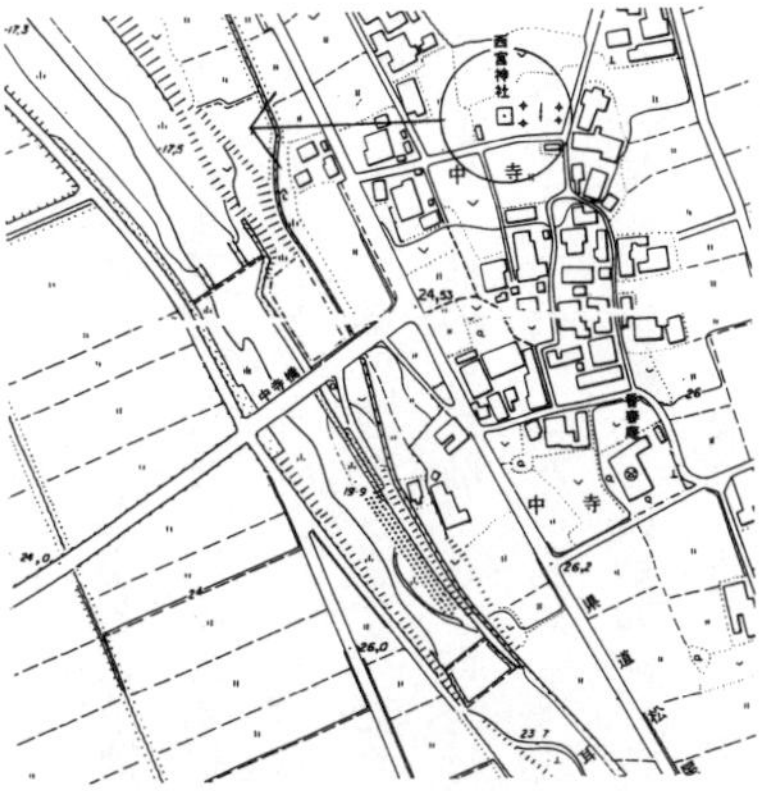

図15　中寺の西宮社と参拝の方向

図16　佐柿の日吉社と参拝の方向

佐柿《さかき》は、御嶽山の西北麓にあり、地名のいわれは定かではない。

古い時代には、もっと山麓に位置していたようである。

現在の集落は、天正一四年に木村定光が国吉城主のとき、近在の民をこの地に移し、三町四方の町をつくったのにはじまる、という。いわば小さな城下町である。

したがって字界図をみると、美浜町内で、唯一、佐柿だけがみごとに区画整理されている。この事実から逆に、他の字界は、みな戦国時代以前からのものであることが推量される。

文化の人口は四二六、明治には四七六と近在を圧していたが、現在は二七五。

日吉神社、山神社、広嶺神社、愛宕神社がある。日吉神社が産土神であり、鎮守である。正保二年（一六四五）、酒井忠勝の造営にかかる、という。

『延喜式』にみえる慶雲元年（七〇四）創建の丸部明神をあてる説もあるが、根拠はない。寛平元年（八八九）に近江国坂本の山王宮の分霊を合祀し、以後、山王大権現と号す。

集落を見おろすように、山麓の高みに立地している（図16）。竹藪の参道が美しい。参道のトンネルのさきに、ポッと広場と社殿が見えて、一瞬、神秘の世界に踏み入るかのようである。字「宮ノ股」にあり、境内地の面積七一七坪。氏子数不明。

日吉神社を拝む方向の先には、御嶽山が立っている。御嶽山を山宮とするのは、あとにのべる彌美神社であるが、このヤシロも関係があるのではないか。

ほかに、稲荷神社、秋葉神社がある。広嶺神社は「木野」のところでのべたように、火打山とも小富士ともいわれる天王山頂にあって、鳥居と小祠をもつ。そして海を拝む。

なお、佐柿地籍に小倉区があり、室毘古王を祭神とする小倉神社がある。社殿は東向きで、西、すなわち山のほうを拝む。

⑦麻生

麻生は、御嶽山の西麓、耳川の右岸、佐柿の南にある。

集落より西、耳川にかけてはゆるやかな傾斜のなかに肥沃な水田がひろがる。ここは昔、良質な麻を産し、彌美神社の祭礼に、苧《からむし》を献じたのでその名がある、という。

鎌倉期にその名が見える。

人口は文化のころ二六二、明治には二七一、現在は一八二である。

八幡神社と稲荷神社がある。鎮守は八幡神社である。

大宝年間に、彌美神社を造営したとき、勅使の麻生殿が下向したが、この八幡神は麻生殿の守護神であり、麻生殿はそのまま居住し、氏の神として祭られた、といわれる。

集落の裏山のゆるやかな斜面に立地している。字「中筋」で境内地面積は二二四坪。氏子数は六五戸。

社殿は西、すなわち集落を向いている。したがって人々は東の山を拝むことになる(図17)。ほぼ御嶽山の方向であるが、御嶽山を山宮とする可能性がある。

また稲荷神社が田んぼのなかの小山にある。城山稲荷といわれ、永禄六年（一五六三）、国吉城主粟屋勝久の臣の沼田三郎兵衛が城山に立てこもったとき、守護神として祭った、という。

拝む方向は正確に城山を向いている。ほかに奥清水大明神の小祠がある。

また、小名の東山には、塞神社と稲荷神社がある。ともに山のほうを拝む。

そのそばの小字「椎の木」に「あいの木」とよばれる老松が一本あった。口碑に、昔、彌美神社の祭礼のとき、東は山東から西は倉見までの人々がここに集まって、彌美神社を遥拝したからその名がある、という。彌美神社の田宮であろう。

図17(イ)　麻生の八幡社と参拝の方向

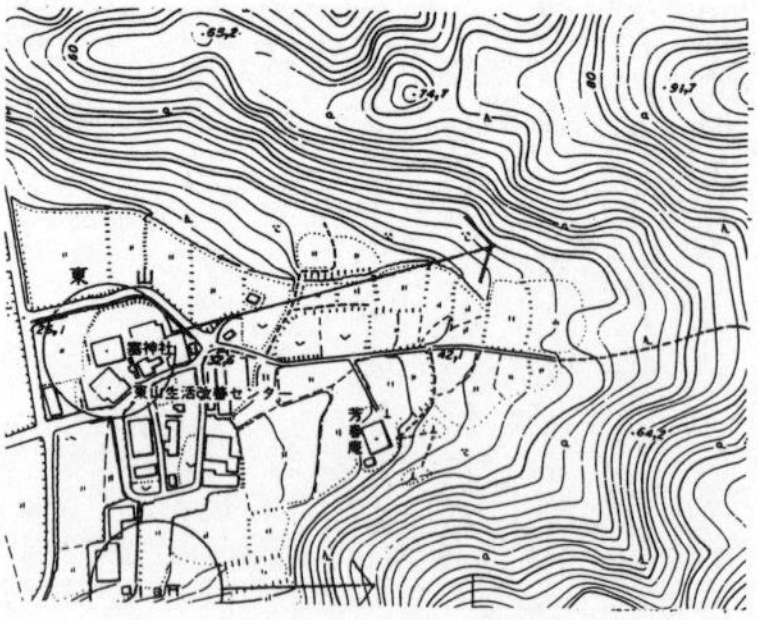

図17(ロ)　麻生東山(小名)の塞社(上)／稲荷社(下)と参拝の方向

しかしすでに圃《ほ》場整備のため、その老松も広場もなくなり、石燈一基を残すのみである。

この付近、東山から中寺にかけて、古墳時代の七反田遺跡や麻生流田遺跡がある。

⑧宮代

麻生の南、御嶽山西麓に沿って宮代《みやしろ》がある。

その歴史は古く、南北朝、あるいは室町時代には、すでに織田庄宮代村があった、という。

人口は江戸時代一六四、明治一六一、平成は一二一。

彌美神社は式内社で、かつ、旧県社。

伴信友によると、大宝二年（七〇二）に、伊勢の内外宮を祀るべくスタートしたが、その後、衰微したのを、嘉禄二年（一二二六）に仏僧がその地より山のほうに押しあげて、あとに園林寺を建て、旧祉には、かわりに地主神社がつくられたのだそうである。

押しあげられた彌美神社は、いまの地に伊勢をはじめとする二八ヶ所明神として復活した。そして庄内一五ヶ所の産土神、あるいは耳の明神などとよびならわされて、多くの人々の信仰を集めた。

また、宮代村がもと御社村であったことなどから、がんらいの祭神は、若狭の耳別の祖である室毘古《ムロビコ》王と推定し『延喜式』にいう彌美神社ではないか、としている。

伴信友の影響力は大きく、以後の諸説はみなこれにならっている。

すこし入りくんだ谷の奥の山麓の字「森下」にあるが、長い直線の参道があり、宮代集落とはすこし距離がある。オクツキの感を深くする。宮代集落のまわりには、古墳時代の古墳が散乱している。手前に園林寺がある（図18）。境内地の面積は一五六〇坪と比較的大きい。氏子の戸数は一〇一九戸と、ずば抜けて多い。

さて、社殿を前にして拝む方向は東、やや南にずれてはいるが御嶽山の方向である。山麓のこの場所からは御嶽山がよく見えないので、方向が多少ずれたのか、あるいは火災などで何度も建てかえるうちに、方向が多少ずれたのかもしれない。

美浜町の神体山である御嶽山

図18　宮代の彌美社（上）／安江の三島社（下）と参拝の方向

山頂附近には、このヤシロの奥宮である天手刀雄命《アメノタジカラヲ》を祀る御嶽神社と愛宕神社があり、山の神として、四月と七月には「オタケサン参り」がおこなわれる。

それを山宮とすると、このヤシロは里宮にあたる。

なお御嶽山は漁師のヤマであるから、これは神山であるとどうじにアテヤマといっていいだろう。このあたり一番のアテヤマであるから、彌美神社も、このあたり一帯の産土神といえる。

なお、毎年五月一日に、彌美神社に奉納される王の舞は、県指定の無形民俗文化財となっている。

ほかに、境内に二十八ヶ所明神、境外には秋葉神社、天満神社、水神宮などの小祠がある。

秋葉神社は、御嶽山の前山（標高二七四メートル）の山頂附近にある。

⑨安江

安江は、宮代の南、耳川の中流右岸、おなじく御嶽山麓にある。

口碑に、元は現在地より東の竹林のなかにあって野末村と称したという。

古来より家が五、六戸の小集落で、つぎの五十谷、寄戸をあわせて小三ヶとよばれる。

ときに、小三ヶで一庄屋をおいたこともある。いまも、小三ヶで一つの行政区になっている。

じっさい、村であったりなかったりするような小さい集落なのに、戸数がほとんど変化しないところが恐ろしい。

人口は文化一六、明治三七、平成一七。

美浜町内で最小の集落であるが、すくなくとも二〇〇年間、絶えることがない。よくもこういう小さな集落が生きのびるものである。ここらへんに、日本文化の秘密が隠されているようだ。

鎮守は、大山積命《オオヤマツミ》を祭る三島神社である。集落の裏の山麓の字「宮元」にある。奥に字「森元」がある。境内地の面積二七七坪。氏子数二〇戸。山に向かって拝む（図18）。

彌美神社とどうよう、御嶽山の方向である。その遙拝軸は彌美神社の遙拝軸に平行している。しかし位置が南に下がるので、その分、御嶽山頂とずれていく。

⑩五十谷

図19　五十谷の八幡社と参拝の方向

耳川の中流右岸、御嶽山南麓の小さい尾根のすそに五十谷《いそだに》がある。

伊佐谷とも書いた。地元ではイサダンとよびならわしている。昔は現在地より東方にあった、という。

人口は文化三五、明治三四、平成三三とふしぎに変化がない。

ここには八幡神社と山の神社がある。鎮守神は八幡神社である。尾根のすそにある字「向山」にある。境内地面積一二二坪。一軒の家の敷地ぐらいの大きさである。氏子の数六戸。

集落を見おろすように建っている。北、すなわち尾根のほうを向いて拝む（図19）。一般的な山岳の方向ではない。彌美神社の方向か、とおもわれるが、すこし西にずれている。しいていえば麻生の八幡神社の方向である。麻生の八幡神社の神を分祀してきたものだろうか。

なおムラの東南二〇〇メートルの山中に秋葉神社がある、とされるが、確認できなかった。

⑪寄戸

五十谷のさらに南にある。

山麓にあって、すぐ目の前に耳川がせまる。かつてはいまより南三〇〇メートルほどの大谷に立地し、依遠村といった、と口碑はつたえるが、移転の年代は不明。

人口は文化二五、明治三六、平成三五。

鎮守は太神宮社で、伊勢神宮の内宮から勧請されている。もと山奥にあったものを、現在の地に遷座したという。字「宮ノ元」の集落を見おろすような山麓の高みにある（図20）。水神社、不動明王社とならんでいる。稲荷鳥居があるので稲荷神社とまちがわれる。境内地面積、氏子数ともに不明。

その下の龍源院の入口には、推定樹齢四〇〇年の黒松があり「龍灯の松」と親しまれる。拝む方向は御嶽山山塊である。

ほかに金比羅神社と山神社の小祠がある。

なおムラの東北三〇〇メートルに、常王山（標高一五二メートル）があり、昔、ここにあった神を、のちにのべる佐野の愛神社に祭ったので耳川の流れが定まった、という。

いまも祭のときには、常王山の山麓にある椎の古木に御幣が収められる。

またムラの東南一五〇メートルの山中に秋葉神社がある、とされるが確認できなかった。

⑫新庄

新庄は、耳川上流の山間にある。

室町時代にみえる荘園名で「耳荘新庄」とあるところから、耳荘から派生した新しい庄とかんがえら

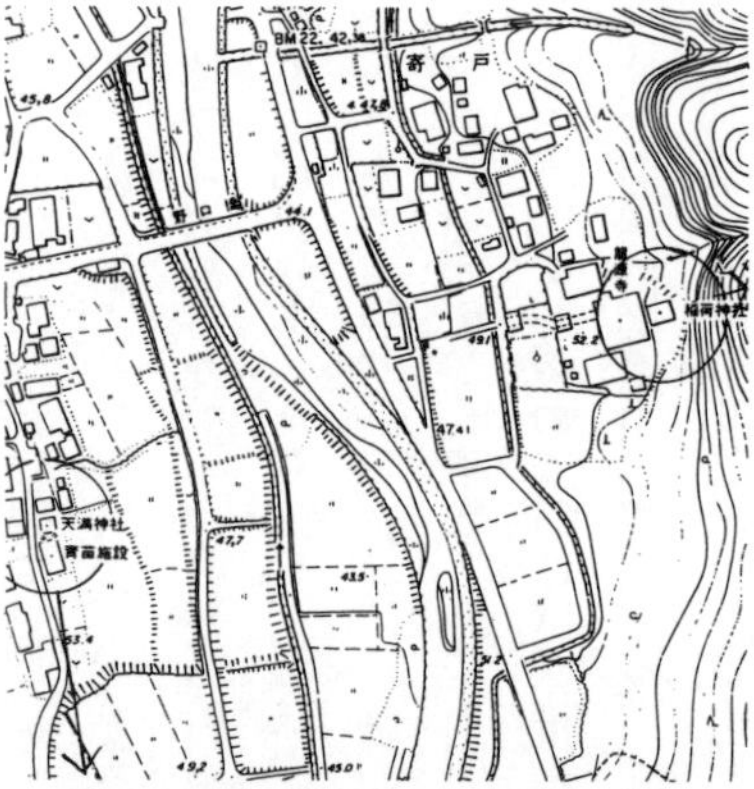

図20　寄戸の不動明王社と参拝の方向

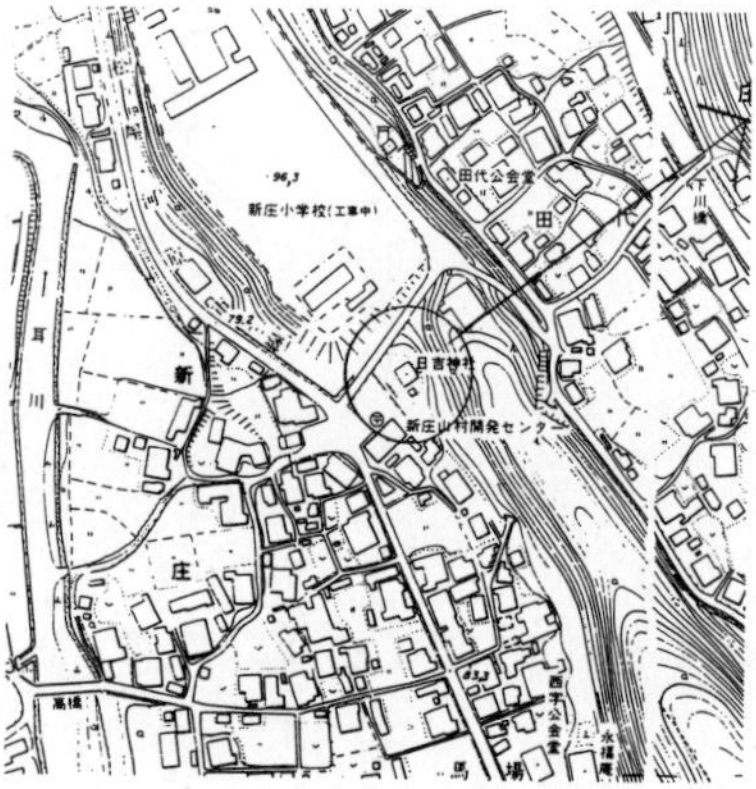

図21　新庄の日吉社と参拝の方向

れる。田んぼを求めて、当時の若者たちが新しいムラを開いたのではないか、とちょっとロマンチックな気分になる。そうではなく、山人たちが里人に馴致されて税を納めるようになったのかもしれない。

山間部ではあるが地籍はひろい。昔から人々の主な生業は林業であった。

より小さな集落単位に、寄積、田代、馬場、奥、浅ヶ瀬、松屋、岸名がある。これらをもって「新庄七村」といわれたから、昔は、これらもみな村だったのだろう。日本の村というのは、よほど小さかったに違いない。ほかに粟柄という村もあったが、これだけは、明治に人家が絶えたそうだ。

かつては風俗、言語とも里の村々とは異なった、といわれる。

人口は江戸時代に九五八を数え、明治には一〇二九となり、そして現在は三九九である。美浜町でもっとも人口の減少のいちじるしいムラである。過疎地域である。

にもかかわらず、鎮守はひとつではない。昔の村単位にある。

まず、寄積の鎮守は山麓にある八幡神社で、南に向かって拝む。山のほうを拝んでいる。強いていえば耳川の水源の方向にあたるが、別に意味はないのかもしれない。境内地一四四坪。氏子数二九戸。ほかに稲荷神社がある。

つぎに、田代の鎮守は広嶺神社で、集落の西の尾根の中腹にある。集落を見おろすように建っている。境内地面積二一五坪。氏子数五三戸。拝む方向は西南かとおもわれる。その方向には耳川がある。

馬場の鎮守は日吉神社で、集落の東の田代とのあいだの尾根の麓にある(図21)。

祭神は大山咋命《オオヤマクイ》。嘉祥元年（八四八）創建。字「天王杉」にある。境内地面積四一三坪。氏子数二一〇戸。拝む方向は北東で、この方向には耳川の支流の奥谷川がある。嘉祥元年（八四八）に山中の滝ヶ渓に創建され、建治二年（一二七六）現在の地に遷された、という。旧地を拝むものか。

つづく奥にも、山王神社がある。

また、浅ヶ瀬には弁財天神社がある。

さらに、その南の松屋には、粟柄谷川にかかる橋をわたった対岸に松屋神社がある。これも南、山岳地帯のほうを拝むようになっている。あるいは、粟柄谷をさしている、ともいえる。

耳川左岸の岸名には神社は見られない。その理由は聞きそびれた。

ほかに社殿のあるものとしては、日吉神社の境内社に雷神社、四社合祀社、右門社、稲荷社があり、広嶺神社の境内社としては稲荷神社がある。また境外の小祠として山神社がある。

さて今日、これらの大字は新庄という一つの大集落となり、その総鎮守を馬場の鎮守の日吉神社が兼ねている。その結果、他の小集落の鎮守も、しだいに祭られることが少なくなってきたようである。

⑬佐野

これから、耳川左岸の集落に移る。佐野は、耳川左岸の上流の川沿いに発達したムラである。

その点で、つぎにのべる山麓にある野口や上野とは異なる。佐野、野口、上野の三集落をあわせて大三ヶ村と称す。耳川右岸の安江、五十谷、寄戸の小三ヶと対抗するものとおもわれる。

人口は、江戸時代四三〇、明治には四七四、そして平成の現在は一三〇である。大きく減っているようにみえるが、野口と上野を合算すると三八八となり、微減ていどである。

鎮守は、集落のはずれの田んぼのなかの字「殿ノ下」に位置する八幡神社である。ナガトの神という屋敷神から発展したもの、といわれる。創建年代不詳。境内地面積は不明。氏子数二六戸。

西に向かって拝む（図22）。方向としては四五〇メートル先に矢筈山の前山（標高八三メートル）があり、その山麓には、古墳時代の高善庵遺跡の古墳群がある。

もうひとつ、耳川の上流の集落のはずれ字「宮ノ下」に愛神社がある。さきにのべたように、もと寄戸の常王山にあった神といわれる。「たびたび耳川の流れが変わって人々は難渋したがここに愛の宮をまつってから川筋が定まった」と口碑はつたえる。

東を向いている。川を拝むもののようにおもわれる。久那斗《クナト》神を祭る、とされる。

ほかに秋葉神社がある。

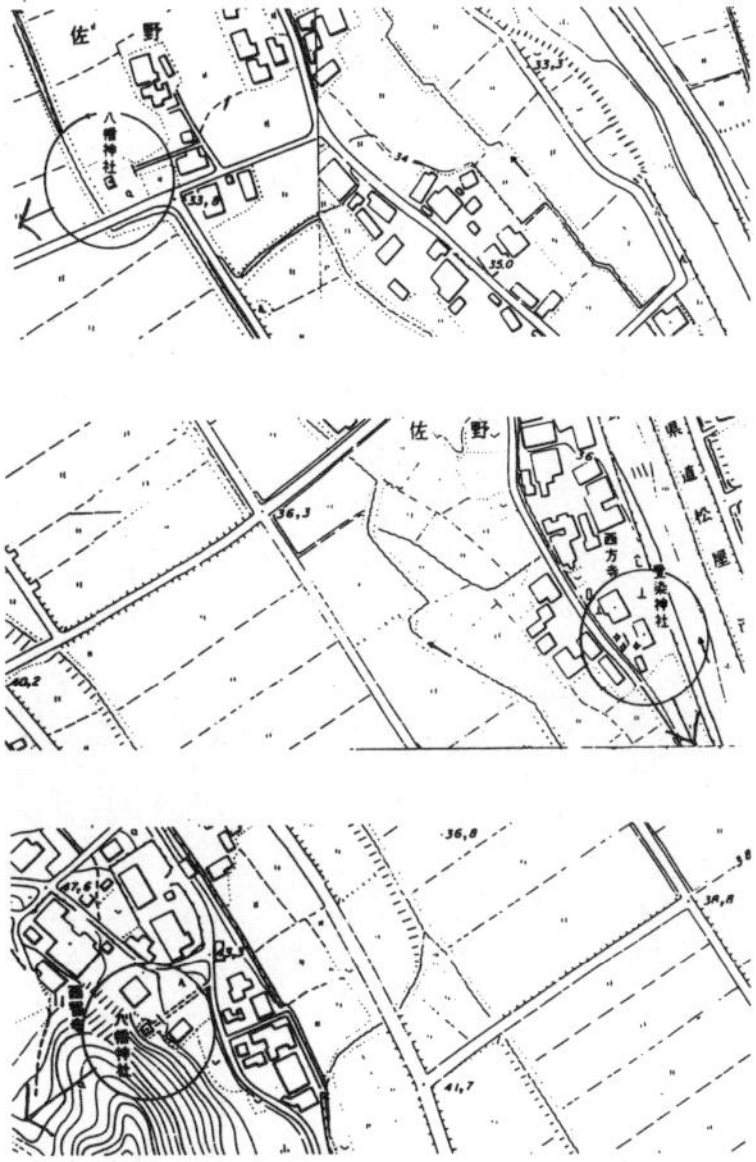

図22　佐野の八幡社(上)／野口の天満社(中)／上野の八幡社(下)と参拝の方向

⑭野口

耳川左岸、矢筈山麓にある野口は、明治

のころまでは、つぎの上野とともに、佐野の小名であった。

もともとは一村であったが、江戸時代に、佐野とあわせて一村となる。明治になって、人情風俗が相違する、という理由によって、ふたたび佐野、上野と分区している。

現在人口一五一。

鎮守は天満宮で、集落の端、字「菴《あん》ノ下」にある。明治四四年に彌美神社に合祀されたが、昭和二四年に遷御された。境内地面積一八四坪。氏子数三四戸。

南を向いて拝む。参拝軸に意図があるかどうか不明である（図22）。

ほかに、上之山神社、下之山神社、秋葉神社、稲荷神社、愛宕神社、風天大権現等の小祠がある。

⑮上野

上野は、佐野の西、矢筈山の山麓に位置する。人口一〇七。

鎮守は八幡神社である。寛政元年（一七八九）に創立。集落を見おろすような字「久掛田」の高みに建っている（図22）。境内地面積三三二坪。氏子数二五戸。

ヤシロの周辺一帯は古墳時代の遺跡である。拝む方向は西で、矢筈山に照準があっている。矢筈山は、山の形が矢筈に似ているのでその名がある。頂上に周囲五〇〇メートルほどの池があり、雨乞嶽の異名をもつ。

なお、三方郡内における第一の高山で、御嶽山とならんで美浜町の二大聖標山である。

耳川の右岸の山麓の集落の鎮守は、御嶽山、あるいはその山塊に向かって拝むのが多いのにたいして、左岸の集落の鎮守では、矢筈山、あるいはその山塊を拝むものが多いのは興味深い。ほかに社殿のあるものとして、太神社、稲荷神社、愛宕神社がある。

なお、佐野、野口、上野の鎮守は、明治四四年（一九一一）の神社合祀令によっていずれも彌美神社に合祀されることとなっていたが、いまだに実行されていない。

⑯興道寺

雲谷山の北の尾根のつきるところ、耳川中流左岸に興道寺がある。

佐野の下流にあたる。南市および郷市に接する。

人口は江戸時代三三七、明治に五八三、そして現在は四一一である。

集落の南、尾根の先端、字「小山」に鎮守の日枝神社がある。創建年代はわからない。

境内地、付属地あわせて一三八四坪。氏子数九六戸。

祭神は大山咋命《オオヤマクイ》という。集落を背にして山をあがってゆくが、拝む方向は、その軸とは直交する西である（図23）。

ふりかえれば、海や美浜の町がよく見えるが、拝む軸線は、それらとも、また目の前の山岳とも関係なく、田園地帯をこえて遥か西の方向を向いている。そこには字「墓の前」がある。また矢筈山の前山などがある。さらにその方向の先には久々子湖がある。参拝軸に意味があるのかどうかはわからない。

図23　興道寺の日枝社と参拝の方向

ただし、すぐ目の前や眼下の集落に、古墳時代の古墳が散在している。またすぐ南に古墳時代の興道寺窯跡があり、その先三〇〇メートルのところに、標高八三メートルの小山がある。参拝軸ではないが、関連をおもわせる。

ほかに愛宕神社がある。

なお昔、耳川左岸の人々は、大雨のとき耳川をわたることができなかったので、遠くから彌美神社を遥拝するために、御膳石という祭壇の形をした大きな石がおかれたが、いまもそれは日枝神社の下の畦畔にある。日枝神社と彌美神社とをむすぶ軸線上にある。

4　海・山・湖を拝む——旧南西郷村のヤシロとヤマ

矢筈山麓の耳川から久々子湖までの沖積平野が、旧南西郷村である。鎌倉時代に、御嶽山をはさんで、あるいは耳川をはさんで、東を山東郷、西を山西郷、あるいは耳西郷といった。その山西郷の「山」耳西郷の「耳」がとれて、江戸時代に西郷組となり、さらにそれが南北にわかれて、南の部分が南西郷となった。

郷市《ごいち》、金山、大藪、気山、久々子《くぐし》、松原の六つの村にわかれ、明治以降には、南西郷村の六つの大字となり、そのまま、現在の美浜町内の行政区となっている。

農村と漁村とがいりまじった地域である。平地に恵まれ、古くから農業が発達してきた。

行政区としてはほかに久保、矢筈がある。

①郷市

郷市《ごいち》は耳川の左岸にある。

丹後街道沿いにひらけた市場で、山西郷、あるいは耳西郷の市に由来するという。戦国時代にみえる村名である。まわりを田んぼにかこまれたムラで、現在、JR美浜駅や町役場がある。

海から少々内陸にはいっているにもかかわらず、古くから漁業従事者が多かった。かつては海が、もっと近かったからかもしれない。

字「横田」に、獅子塚古墳と長塚古墳があり、獅子塚古墳は、三方郡内唯一の前方後円墳である。古墳時代後期初頭の築造とされ、鉄剣、玉、馬具など多くの副葬品を出土している。被葬者はムロヒコ王といわれる。かつてはこのあたりの中心地だったのだろう。文化四年の人口は二一〇、明治四二年は二七九、そして平成六年は五二〇である。

鎮守は、集落の南のはずれにある伊牟移《いむい》神社である（図24）。創建年代は朱鳥五年（六九〇）とされる。持統四年か。字「松本」にある。附近に字「宮ノ下」と字「宮ノ前」がある。

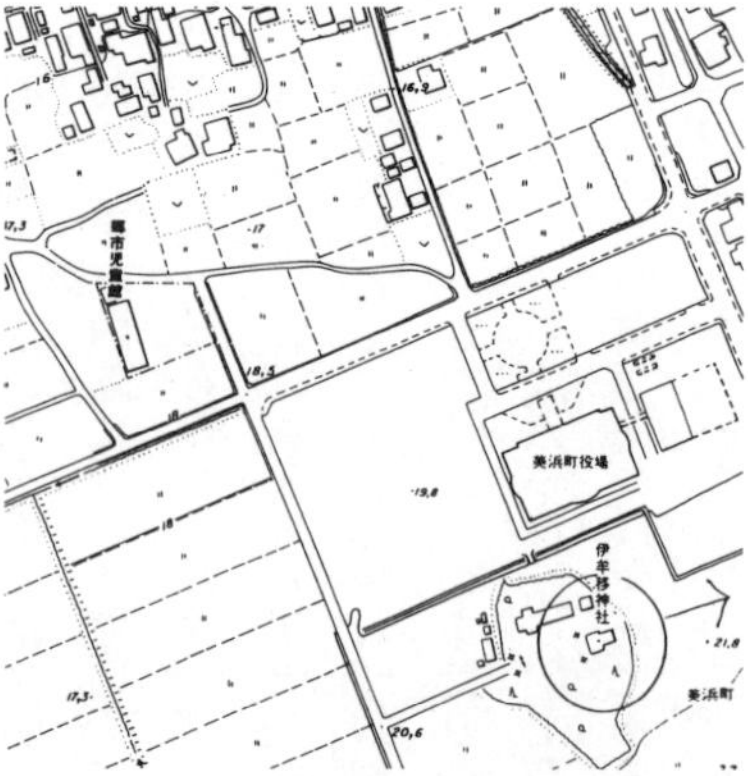

図24　郷市の伊牟移社と参拝の方向

祭神は国常立命《クニノトコタチ》で、いちおうは式内社とされるが『若狭国帳』には、すでにその名がない。早くに滅びたものとおもわれる。

ただこの地に、もと雉子社《きじこのやしろ》という森があり、金銀子《きぎす》神社というヤシロがあったのを、『延喜式』にあやかって、明治に改修して伊牟移神社としたもので、『延喜式』のイムイのヤシロとは系譜的につながらない。

金銀子神社は、朱鳥五年（六九〇）に、伊勢神宮の外宮より勧請され、このあたり一帯の産土《うぶすな》神になった、とされる。

しかしこの金銀子神社と伊牟移神社との関係もさだかではない。

現在この伊牟移神社には、市姫神社、射矢神社、熊野神社、春日神社などが合祀されている。しかしその市姫神社の祭神は、宗像神社の市杵島姫命ではない。それは、郷市に住んでいた元仙台藩の家臣の伊達清右衛門の屋敷神だった、という。

なお、式内社の伊牟移神社については、三方郷の佐古村に伊牟移寺をはじめ天神社、山王社があったので、それらと関係するのではないか、あるいは郷市のなかに伊屋山というところがあって、そこにかつての伊屋宮大明神の社があったので、それと関係するのでは、などといわれるが、真偽のほどは不明。

伊牟移神社は、現在、わずかにのこされた平地の森のなかに建っている。附近一帯は古墳時代の古墳群である。

社殿は、西向きで、したがって人々は東に向かって参拝する。その方向にあるのは耳川である。河原市や中寺の鎮守、あるいは佐野の愛神社のように、河川沿いに発達した集落の鎮守の多くは、耳川を拝むものだろうか。

ほかに春日神社、秋葉神社の小祠がある。

境内地面積は三七四坪。平地の森といいたいが、周辺がすっかり開発されて雑木林になっている。氏子の総数は九〇戸である。

②金山

矢筈山の北麓には、東から興道寺、郷市、金山、大藪、気山と、農業を生業とするいくつかの集落がある。その真ん中にあるのが金山である。

丹後街道ぞいにある。地名は矢筈山の前山の金向山《かなこ》（一二二メートル）に由来する。ここからは、かつて金糞らしきものが出土した。山頂には御盤岩とよばれる巨岩があり、不動明王像が祭られている、といわれる。「かつて寺があった」という説もある。

それらをかんがえあわせると、この金向山は神山の可能性が高い。美浜町では、御嶽山、矢筈山につい
で注目すべき山である。

人口は文化二三四、明治四五五、平成は久保と合わせて四七一。

鎮守は日吉神社である。

地図上には山王神社とある。集落の背後の高み、字「坊ノ谷」に、集落を見おろすように建っている（図25）。境内地面積三〇〇坪。氏子数一〇五戸。

明治四一年に、八幡社、熊野神社、神明社、山神社、稲荷社、隠岐神社が合祀された。うち隠岐神社は、もと沖神社といい、海神を祭ったのではないか、と推測されている。字「森ノ上」にあった、とされる。

図25　金山の日吉社と参拝の方向

日吉神社の参道は、集落から南にまっすぐ向かうが、社殿はこの参道軸と直交して真東を向く。すると、拝む方向は金向山山頂とは関係なく、真西である。そこには縄文中期から奈良時代にわたる集落跡がある。さらにその先には、久々子湖と日向湖がある。日向湖には、さきに述べたように、この地に来臨した神の説話があるが、さらに、それと関連して湖を拝む因縁でもあるのか、とかんがえさせられる。

なお、字「別所」と「久保」に日吉神社と秋葉神社がある。その中間に「辻堂の元」とよばれるところがあり、榎の古木が一本生えている。「エンザンさん」と通称されているところから、一説に比額山の遙拝所であるという（『日本地名大辞典』）。比額山とはどこにある山なのかわからない。

金向山の山麓の上野谷には、もと泉明神が祭られ、伴信友は「里人はこれを宇波西神の母とする」と書きのこしている。

近くの龍沢寺遺跡からは縄文中期以後の集落跡をしめす多くの土器片が出土している、といったことなどから、さきにものべたように金向山は、古来からの神奈備山だった、とかんがえられる。

③大藪

大藪は、金山の西南にあり、おなじく矢筈山を背にしている。

西には久々子湖がある。丹後街道に沿う昔からの農村である。戦国時代にその名がみえる。

人口は江戸時代一五九、明治二二三、平成一八七。

鎮守は広嶺神社で、創立年代は不詳。裏山立地型である。

所伝によれば、建暦元年（一二一一）に伝染病が流行したとき、播磨の国の広峯山の牛頭《ごず》天王を勧請したのにはじまる、という。素戔嗚尊を祀るとされる。

宇波西神社の祭礼には、四年目ごとに王の舞を奉納する。

集落から長い参道が、東南東の山麓にある社まで直線状につづいている。あたり一面の杉木立のなか、白く青く照り映える照葉樹林の盛り上がりが国道からもよくみえる。趣きのある杜《もり》である（図26）。字「上宮ノ脇」、境内地六六六坪。氏子数不明。

図26　大藪の広嶺社と参拝の方向

図27　気山の山社と参拝の方向

社殿に立つと、拝む方向も東南東、つまり山の方向である。そこには、多少、東にずれているが矢筈山がある。この山は漁師たちのアテヤマとなっている。ほかに、秋葉神社と山神社がある。稲荷神社の小祠もある。

④気山

気山は、矢筈山の西麓、大藪の南にある。すぐ西は久々子湖である。もと八村の気山に属していた小名の牧口を、気山より分割して西郷村にくわえ、気山と称したものがいまにいたる、という（『三方郡志』）。かつて「気山七村」といったうちの六村は、菅湖に面する三方町に所属している。

人口は、文化のころは八村気山に属していたので不明。明治は一五二、現在は一六〇である。

ここの鎮守は、泉神社とされるが、山神社とも呼称される。祭神を大山咋《オオヤマクイ》神とする。現在は気山神社となっている。創立年代不詳。

社殿は観音寺境内の山麓、字「切追上」にあって、北向き、すなわち集落のほうを向いて建っている。裏山立地型である。典型的な村落鎮守のタイプといえよう（図27）。境内地面積不明。氏子数三五戸。

参拝する方向は南ということになるが、南はほとんど三方町である。ここに、なにか信仰の対象となるものがあるのだろうか、とかんがえさせられる。

境内に秋葉神社、神明神社、金毘羅大権現、山神社などの小祠がある。

⑤久々子

久々子《くぐし》は、三方五湖のひとつの久々子湖の東岸に位置し、北は若狭湾に面する。

口碑によれば、もとは久々子湖畔の小崎で一村をなしていたが、いつのころからか、現在の地である海岸ぞいに移ってきた、という。久々子のクグは、一説に白鳥の古名クグ、あるいはクグイに由来する、という（『日本地名大辞典』）。室町時代にその名がみえる。

製塩遺跡のほか、円墳、集落跡、経塚、住居跡等の遺跡が多い。またそれら遺跡からの出土品も多い。

海には久々子地籍がある、とされるが、明治のころからすでに漁民はいなかった。現在、久々子湖の内水面の漁業に従事している者が一、二あるていどである。

人口は江戸時代四五〇、明治七四六、平成八四七である。

ここには、集落と久々子湖とのあいだをへだてる小丘の麓に、佐支《さき》神社がある。

式内社とされるが『若狭国帳』にはなく、早くに滅んだ可能性が高い。創立年代は不詳。

現在のヤシロは、もと家端山麓、宇波西神社の裏にあたる八村気山の古崎（または小崎）にあったものだが、のち住民とともにいまの地に移り、江本大明神と称した、という（『三方郡志』）。ヤシロの字は「的場」、前は字「宮下」である。境内地面積三六一坪。氏子数一三七。

久々子のムラは、宇波西神社の祭礼には獅子舞を奉納するが、その一番の祝部《はふりべ》を当社がうけもつ。

宗像神社、秋葉神社、水神社、八幡神社、愛宕神社を合祀している。

いちおうは裏山立地型といえるが、寺山の山麓の平地にあって、かならずしも集落を見おろすようには建っていない（図28）。

社殿は東南東向き、したがって人々の拝む方向は西北西となる。

目の前五〇メートルほどのところに寺山があり、その頂上に古墳時代の寺山古墳がある。寺山あるいは古墳を拝する形になっているが、また久々子湖の方向を向いているので、興道寺や金山の鎮守とどうよう、湖を拝む可能性がかんがえられる。

久々子の北部の海岸ぞいに海に突出して飯切山があり、海の迫る崖に弁財天の祠がある。宗像神社と

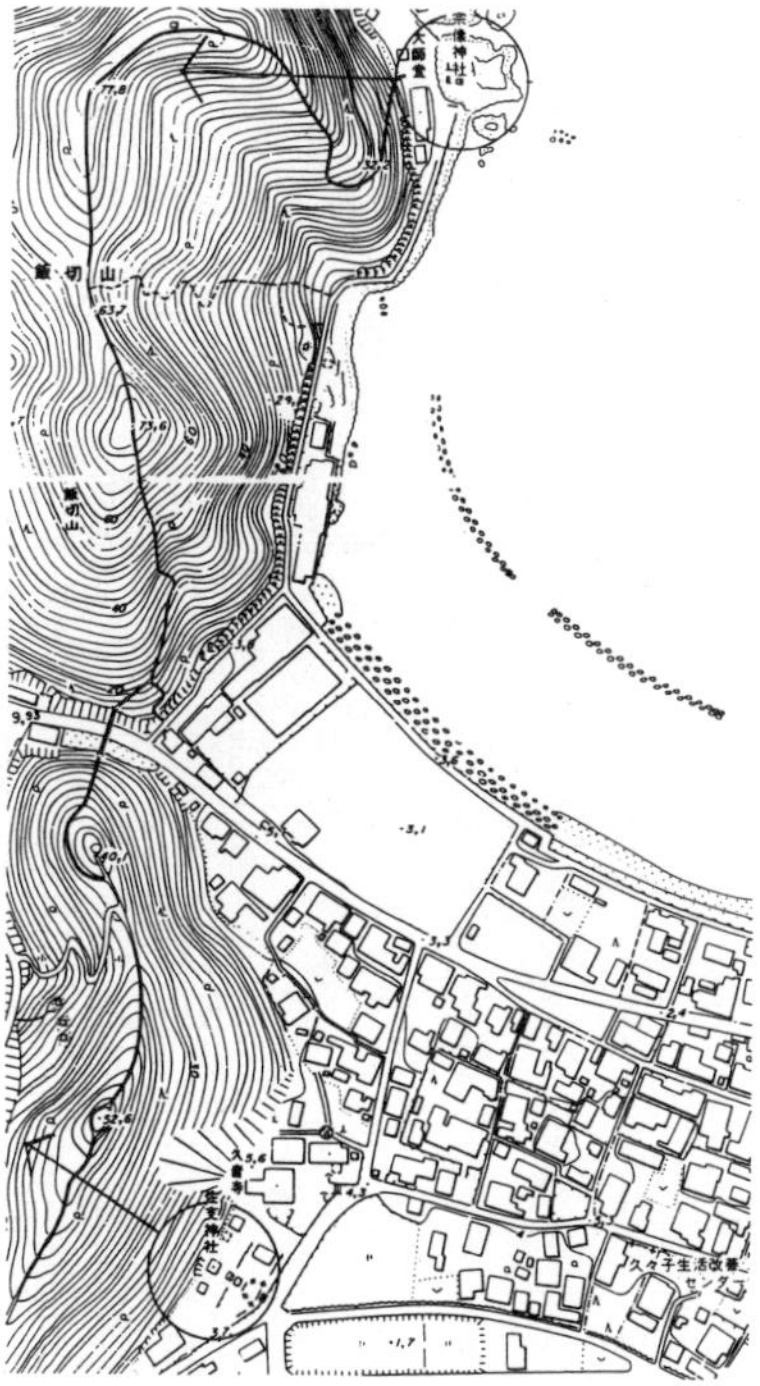

図28　久々子の佐支社と参拝の方向

される。その拝む方向は飯切山である。

なお集落のなかに宗像神社のお旅所がある。宗像神社を「岬宮《みさきみや》」とするときの田宮といっていいだろう。その拝む方向は水神公園であり、水神宮である。そのさきに久々子湖がある。

ほかに、もと飯切山にあって、明治四一年に佐支神社に合祀されたあと、昭和六二年に新たに秋葉本宮より勧請された秋葉神社がある。小祀ではあるが、寺山の上に建っている。それはムラを一望できるところであり、里人の火災防衛の悲願によって建立された、と同社の「再建由緒」は伝える。

寺山はもちろん、このヤシロも海からよく見える。

もと字「実山」にあった愛宕神社もここに遷されている。
また、祭神を水波女《ミズハメ》命とする水神宮がある。元水鳥にあったが、いまは近くの水神公園に遷されている。石造のりっぱな稲荷鳥居がある。

⑥松原

松原は、耳川河口の小砂丘地に位置し、若狭湾に面する。
地名は戦国時代に見え、海岸線にそって植えられた防風林の松の原に由来する、という。
もと郷市の一部であったが、のち一村となり、今日も、ひとつのまとまりのある集落として存在している。

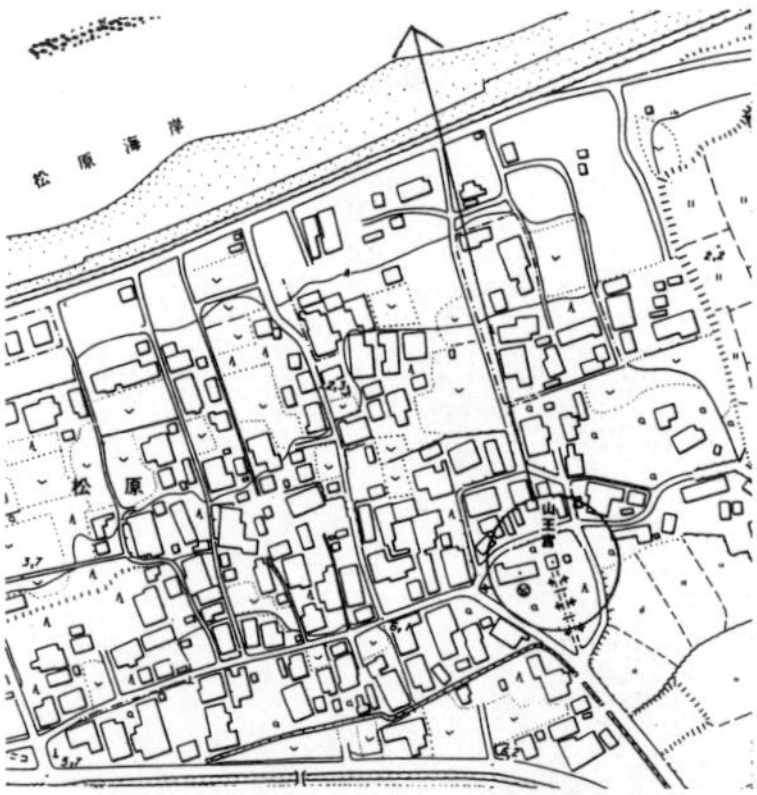

図29　松原の日吉社と参拝の方向

東の松林のなかに奈良時代の製塩遺跡がある。その後背地の田んぼのなかには古墳時代の遺跡が垣間みられる。古くから農民のほかに漁業従事者も多かった。漁業組合がある。

人口は文化二二八、明治三一八、平成三二九である。

ここには、山王宮日吉神社がある。

字「東宅地」。いまでは集落にかこまれてしまったが、もとは集落の端にあったかとおもわれる（図29）。正平一七年

（一三六二）の創建と伝えられる。春日神社その他が合祀されている。境内地面積六六七坪。氏子数不明。

丹後街道からはいる形の参道がある。

社殿もそのまま南向き、したがって人々は北に向かって拝む。そこは、一面、松原がつづいている。その向こうは海だ。とすると、これは海を拝むヤシロといっていいだろう。

東のほう、耳川の河口部左の岸に洪水山がある。この洪水山を背にして熊野神社があり、その向こうも海である。

ここでも、人々はどうように海の方向を拝んでいる。

5　海を拝む――旧北西郷村のヤシロとヤマ

旧北西郷村は、美浜町のいちばん西にあって、獄山をめぐる浦々である。

久々子湖の西岸から日向湖の先にかけての間で、その最西端は常神岬にいたる。

明治の大字は、早瀬、笹田、日向で、江戸時代は浦と村であった。そのまま今日の集落でもある。なかに早瀬と日向は、美浜町の代表的な漁村である。

三つとも美浜町内の行政区域である。

①早瀬

早瀬は、旧早瀬浦である。

飯切山からのびる砂嘴が嶽山山塊にぶつかり、内陸に久々子湖を形成するあたりで、久々子湖から若狭湾にいたる早瀬川を中心に発達した集落である。早瀬湾に面し、久々子湖の湖口をおさえ、昔から小泊地であった。

南北朝期からその名が見え、中世には耳西郷に属した。海面の漁場や境界について、久々子や日向とたびたび争っている。

水田を有し、商業機能も果たしてきた。現在、美浜町内の六漁港のうちの一つがある。

人口は、文化一〇四二、明治一三二七、現在は六七〇と減少している。

区域内には、神社が六つある。うち五つは「神社合祀令」によって、明治四一年、日吉神社に合祀された。市姫神社、宗像神社、林神社、江頭社、水無月神社である。このうちの林神社は、もとは地神社といった。明治初年に林神社となり、その林がなまって早瀬となった、という説がある。祭神は蛭子といわれる。

早瀬の鎮守神は日吉神社である。

祭神は、大山咋神《オオヤマクイ》、天平二年（七三〇）創立とされる。

若狭湾に突きでた嶽山（一九六メートル）の山麓にあって、東南を向き、集落を見おろすように建っている。字「宮ノ谷」。裏山立地型といえるが、集落の中心を向いているわけではない（図30）。境内地

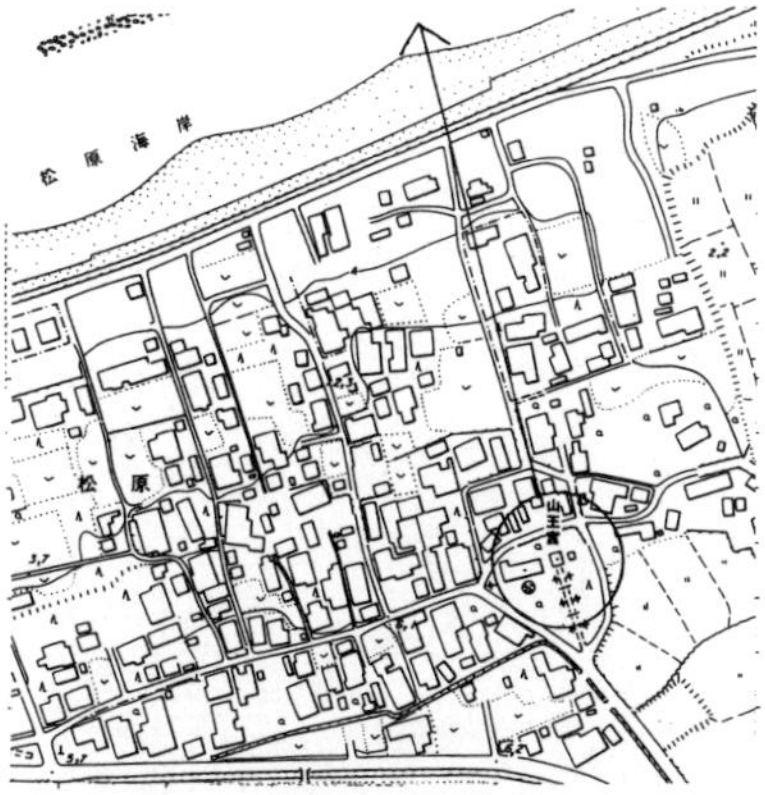

図30　早瀬の日吉社と参拝の方向

面積三一一坪。氏子数二五一戸。

一方、人々の参拝する方向は西北、海を越えて嶽山の向きであるが、多少ずれている。

嶽山の山腹の集落を一望できるところに秋葉神社が建っている。これを山宮とすれば、嶽山も神山とかんがえられる。それは海からの目標となるアテヤマであろう。

毎年一月三日早朝、浜祭がおこなわれる。五月五日には、子供歌舞伎が演ぜられる。

ほかに恵比寿神社、六社権現が集落の中心に近い山麓にある。

また早瀬漁港には、水無月神の御旅所がある。境内が広く、海を拝む構造となっている。石の稲荷鳥居が建っていて、たいへんりっぱである。祭のときに神輿が三日間滞在する。

②笹田

笹田は、久々子湖の西岸に位置する。

海に突きでた嶽山の根元のいわば峠のようなところにある。南北朝期に佐々田の名がみえるから、けっこう古い。旧笹田村で、かつては、早瀬の小名であった、という（『三方郡志』）。あるいは、日向浦の属区となっている（『若狭国志』）。

人口は昔から少なく、江戸時代九六、明治一二六、平成では六九である。

鎮守は風宮神社である。字「宮腰」にある。境内地面積不詳。氏子数一八戸。

明治四二年に宇波西神社に合祀された、とされるが、梅丈岳にあがるレインボーラインの入口附近に現存している（図31）。祭神は『若州社寺由緒記』によると、宇国童子と記されているが、欠字があってよくわからない。あるいは風天大権現などともよばれている。

参拝の方向は確認されていない。

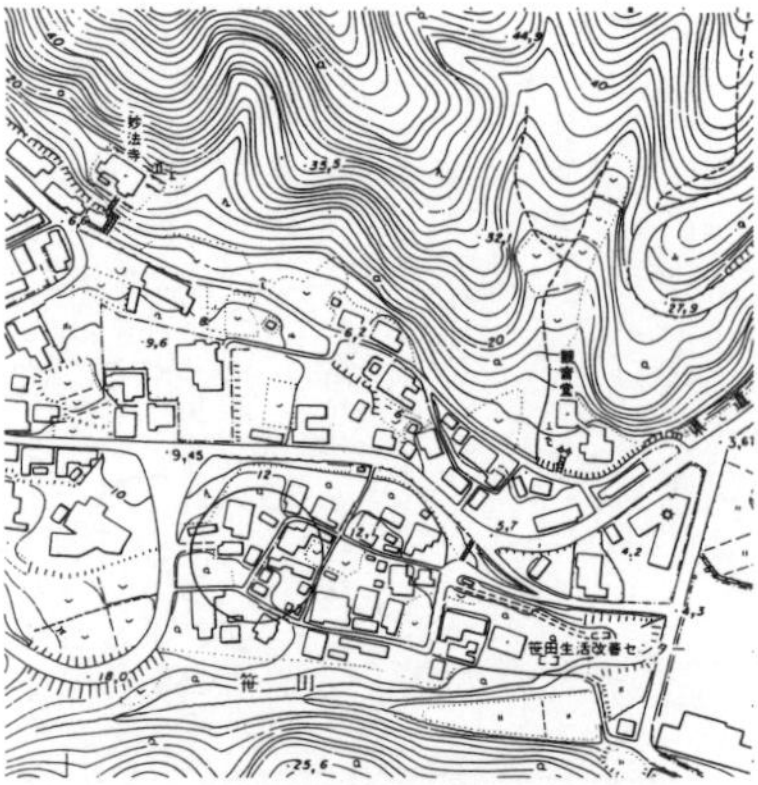

図31　笹田の風宮社と参拝の方向

日向浦の漁港と集落（美浜町）

③日向

日向は旧日向浦で、日向湖畔から若狭湾にかけて帯状につらなる集落である。

その名はすでに鎌倉時代にみえる。美浜町の北東に位置し『三方郡志』が、日向湾とよんでいる近海の恵まれた漁場を背景とする漁村である。ただし日向湾は、直接、外海とつながっているために、冬の海は荒れて土砂を吹きよせるので、何度も突堤を築いたが、そのつど破壊をくりかえした、という。

また伝承によると、宇波西神がこの地にあらわれ「日向の国の橋坂山の景色に似ている」といったので「日向」と称するようになったという。

当地にも橋坂山があり、同神は一時、橋坂山に祀られたという。いまも清浄の地といい、元宇波瀬社を祀っているそうである。

人口は江戸時代六九七、明治一一三九、そして現在は八八〇で、美浜町三九の行政区のうちでも二番目の大きさである。

区域内は、現在一一の組にわかれているが、これは明治以降になってつくられたもので、ほかに、古くからあって今もつかわれている四つほどの地区内区分がある。

すなわち、日向湖の東岸地区のデカンジョ、西岸地区のニツショ、その中間の海への入口の部分のナカチョバ、それに明治以降ひらかれた海沿いの地区のハマである。

デカンジョは「出神所」の訛ではないか、とみられ、そもそもこの地において、宇波西の神の出現にかかわったとされる渡辺六郎衛門の居宅が東岸にあったところからでた名ではないか、といわれる。渡辺は、この地の草分であり、したがって日向の集落は、湖の東岸から発達したものであろう。いまも宇波西元社を祀っている。

日向には、鎮守の稲荷神社のほかに三つの神社があるが、いずれも明治に稲荷神社に合祀され、その境内社となっている。山神社をのぞく厳島神社と蛭子神社、あるいは恵比寿神社は、いずれも海に関係のある神である。ほかにアナグラ之神という祭神のよくわからない小祠もある。また宇波西元社も独立して存在している。

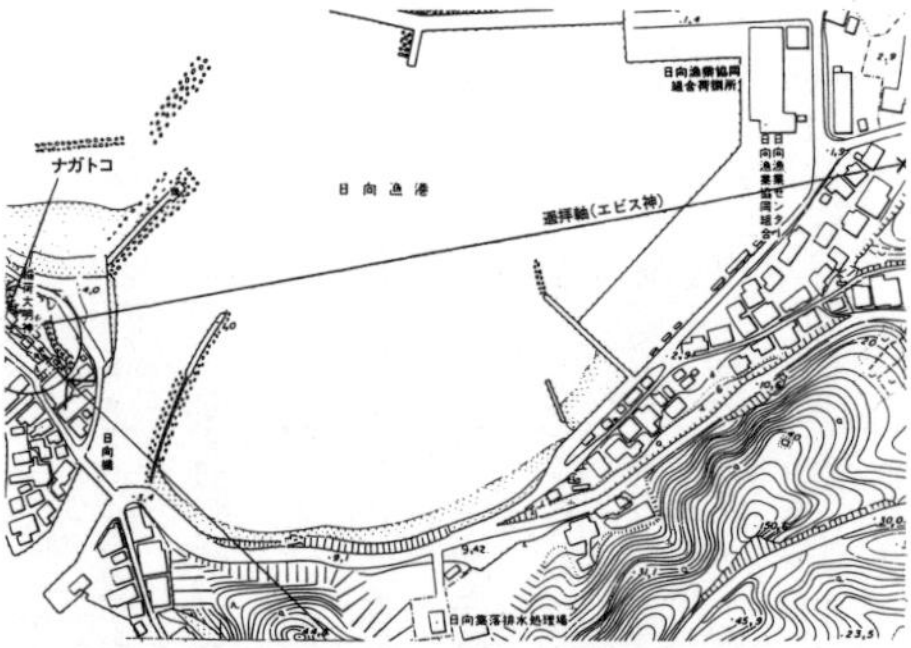

図32　日向の稲荷社と参拝の方向

創立年代は天平宝字八年（七六四）。とされる。この時期、奈良の春日大社の社殿が創建されていたかどうかわからない。従って、社殿があったかどうかは不明。氏子数不明。

さて、稲荷神社は、ナカチョバの海沿いの小丘、字「中町場」にあり、境内地面積は三三九坪。日向漁港を向いている（図32）。したがって、人々の拝む方向は北西の海の方向である。日向の漁場といってもいい。海を拝むといえるのではないか。

漁村に稲荷社というのはやや不釣合いだが、享保三年（一七一八）にすでに稲荷社（「若州三方郡上瀬宮末社并支配所之覚」）のことがみえるから、かなり古い時期に稲荷神が勧請されたものであろう。また「稲荷大明神本尊薬師如来上瀬大明神之末社也」（『若州管内社寺由緒記』）といわれたこともあるから、宇波瀬神社との関係もかんがえられる。

しかし、永正・大永年間（一五〇四～一五二七）には日向宮（「耳西郷堂社田数帳并散田指出」）とあり、古くは日向宮とよばれていたもののようである。

なぜ日向宮か、ということはよくわからない。

なお注目すべきは、この稲荷神社の拝殿、神殿につづいて、その奥に長床《ながとこ》とよばれる寄合所があることだ。その種のものは、ほんらい、拝殿の手前か横にあるべきだ、とおもわれるが、ここでは神殿の奥、すなわち人々の拝む方向の軸線上にある。すると、これは漁師の寄合所、もしくは海の遙拝所だったのではないか、そして宇波西の神が他の地へ遷宮したあと、日向の氏神としてここに新たに稲荷社が建てられたのではないか、という推測がなりたつ。

この境内に二つの遙拝所がある。

一つは宇波瀬神社の遙拝所だが、いま一つは、東を向いた日の出の遙拝所といわれるものである。ここから日の出を拝む、とされるが、東には日向漁港をこえて笹田に向かう陸地がひろがっていて、あまり日の出を拝むのに適している場所とはおもえない。

ただその方向に、エビス神のお旅所があり、これが、かつての蛭子神社の跡ではないか、とおもわれる。するとこの遙拝所は、日の出というよりも旧蛭子神社の遙拝所ではないか。

また日向には、毎年一月一五日に、日向川でおこなわれる水中網引行事があり、国の無形民俗文化財となっている。

6 遙拝の構造

以上のように、今日、美浜町内の行政区となっている江戸時代からつづいている三三のムラごとに、ヤシロとヤマの関係について調べてみた。そこで得られたいくつかの知見をつぎにまとめよう。

①ムラ

まず、これらのムラについてであるが、その成立期はいずれも古い。表1をみてもわかるように、文献で確認しうる最古の時期をみると、平安一、鎌倉六、室町二、南北朝三、戦国一二、江戸八である。後でみるように『延喜式』式内社のヤシロが七つあるから、その七つに照応するムラがあったとすると、平安初期のムラは少なくとも七つということになる。

また人口をみると、これら三三のムラは、すくなくとも江戸末期から現在までのおよそ二〇〇年間、どれひとつ途中に欠けることもなく連綿として生きつづけてきている。この時期は日本の激動期であったが、これらのムラは、結果として、その間の人口に大きな変化を見せないのだ。

たとえば、統計のとれない気山をのぞく三〇のムラ（佐野、野口、上野は江戸時代に一村に扱われた）

表1　美浜町のムラの概況

旧　村	ムラ	ムラの性格（旧浦）	文献で確認しうるムラ名の最古期	人口の推移 A 文化	B 明治	C 平成	C／A 人口増減率（倍）
山　東	丹　生	漁村（浦）	平安	315	455	353	1.12
	竹　波	農漁村	鎌倉	232	310	172	0.74
	菅　浜	漁村（浦）	鎌倉	531	700	600	1.13
	北　田	農村	江戸	231	303	184	0.8
	佐　田	町	戦国	644	711	898	1.39
	太　田	農村	江戸	341	361	285	0.84
	山　上	農村	江戸	327	405	318	0.97
	坂　尻	漁村	戦国	229	288	229	1.00
耳	木　野	農村	戦国	64	94	105	1.64
	和　田	漁村（浦）	戦国	154	139	144	0.94
	河原市	町	戦国	197	357	464	2.36
	南　市	町	戦国か	372	968	873	2.35
	中　寺	農村	鎌倉	110	140	132	1.20
	佐　柿	町	戦国	426	476	275	0.65
	麻　生	農村	鎌倉	262	271	182	0.69
	宮　代	農村	南北朝	164	161	121	0.74
	安　江	農村	江戸	16	37	17	1.06
	五十谷	農村	江戸	35	34	33	0.94
	寄　戸	農村	江戸	25	36	35	1.40
	新　庄	山村	室町	958	1,029	399	0.42
	佐　野	農村	戦国	430	474	130	0.09
	野　口	農村	江戸			151	
	上　野	農村	江戸か			107	
	興道寺	農村	鎌倉	337	583	411	1.22
南西郷	郷　市	町	戦国	210	279	520	2.48
	金　山	農村	戦国	234	455	471	2.01
	大　藪	農村	戦国	159	223	187	1.18
	気　山	農村	？	—	152	160	—
	松　原	農漁村	戦国	228	318	329	1.44
	久々子	農漁村（浦）	室町	450	746	847	1.88
北西郷	早　瀬	農漁村（浦）	南北朝	1,042	1,327	670	0.64
	笹　田	農村	南北朝	96	126	69	0.72
	日　向	漁村（浦）	鎌倉	697	1,139	880	1.26
計				9,516	13,097	10,751	1.13

注1：文化＝文化4年(1840)　明治＝明治42年(1909)　平成＝平成8年(1996)
　2：けやき台、栄、小倉、雲谷、矢笘の各行政区の人口を除く。久保は金山のうちにふくむ。

のうち、江戸時代にくらべて人口が二割以上減っているのは七つのムラだけなのである。また人口が二割以上増えているムラは一一あるが、残りの一二のムラは人口の変化が二割以内でこれはほとんど変化なしの部類とみていい。なかには坂尻のようにプラスマイナス・ゼロというのさえある。また人口が減っているムラでも、大きく割りこんでいるのは、山間集落の新庄（対文化年間比〇・四四）ぐらいである。一般的にいうと、文化四年の人口が明治四二年には若干ふえたが、平成八年の今日ではまた元にもどっている、というケースが多いのである。

それは合計数でみるとよくわかる。明治の人口は、文化の人口に比べて三八パーセント増えたが、平成には一三パーセント増ぐらいに戻っているのである。このさき減少するかもしれないが、それは文化の人口に近づくということだろう。

つまりこれらの地域における人口保持力は、江戸時代以来あまり変化がなく、すると、その間の人口の増はぜんぶ「都市」が受けもってきた、ということになる。

さらに三三のムラのなかで廃絶されたものがひとつもないことにも注目したい。

しいて廃絶されたものをあげると、ムラのなかのひとつの小集落、具体的にいうと、新庄という大集落のなかの八つの字のうちの一つの粟柄ぐらいである。それも、明治の始めに廃されたもので、いまから一〇〇年以上も前のことだ。

美浜町を構成している三三のムラは、江戸時代以来どれひとつ欠けることなく、また大きな衰退をみせることもなく今日におよんでいる。改めて日本のムラの根強さというものをおもいしらされる。

もっとも、細かく見ていくと変化はいろいろある。

たとえば、これらのムラのうち、国道二七号線が通って町化したムラ、およびその周辺のムラは、みな人口を増加させている。さらに国道から離れている漁村、ないし農漁村も堅調である。人口を減らしているのは、国道から離れた農村と山村の新庄ぐらいだ。ということは、人口増加の原因は、やはり国道を軸とした都市化の影響が大きい、ということである。ついで、海岸ぞいの夏季の海水浴客の増加や観光産業の立地が見のがせない。

このように、個別に見ていくと、いろいろ消長はあるが、しかし、これらのムラが全体として、なぜ、今日もなお生命力を保っているのだろうか。ムラを支えてきたものはなにか、というと、ムラとどうよう何度も廃絶の危機に遭いながら、しかも生きのびてきたヤシロの存在にあるのではないか、とかんがえられる。ヤシロを中心に人々は結束したのである。

では、そのヤシロはなぜ生きのびたか。

それは、津軽や伊豆や若狭などで見たように、人々はヤシロの原点である森の中に神を見たからであろう。森に神が存在するからヤシロは生きのびた、とおもわれるのである。

②ムラのヤシロ

そこで、ヤシロについて見てみよう。

美浜町内の各ムラのヤシロの数はたいへん多い。そのうえたくさんの神々が集中している。ただ問題は、何がヤシロか、ということだ。

たとえば『若州管内社寺由緒記』『福井県神社誌』『三方郡志』『美浜町内神社所在調査概要報告書』『耳村誌稿』などの古記録を見ても、そこにとりあげられているヤシロはまちまちである。

また実際にあたってみても、どれをヤシロとするかは集落の人々でさえよくわからない。前にものべたように、若狭には、ムラのヤシロのほかに同族神や屋敷神、さらには素性のよくわからないカミガミがたくさんおられる。なかには石一個、木一本をもってご神体としたりするので、そういうこともおきてくるのだ。

そこで、ここではたとえ小さくても独立した社殿を有するものをヤシロと数えることとした。そのなかで、鳥居や参道をもつか、あるいは内部に人間のはいれるほどの大きさの社殿をもつものを神社とし、そうでないものを小祠と分類した。

もっとも、神社あるいは小祠であっても、特定の家の敷地にあって、その家族の参拝のみをうけるものは、べつに屋敷神等として分類した。それをムラごとに一覧にしたのが表2である。これらは、大同芳男の「美浜町神社現況調査」に大きく負っている。

その結果、ヤシロの総数一六四、屋敷神等をのぞくムラのヤシロは一三四である。三三のムラの人口一万七五一人をヤシロの数で割ると、八〇人に一つの割合でヤシロがある、ということになる。美浜町

表2　美浜町の主なヤシロ

旧村	大字	神社	境内社	小祀	屋敷神等	計
山東	丹生	丹生、金刀毘羅、愛宕	境内社3	神明、加茂、恵比寿		9
	竹波	高那弥				1
	菅浜	須可麻				1
	北田	織田		稲荷、饗神、愛宕、天満	3	8
	佐田	織田、八幡、今市	塩竈、春日、八坂、金毘羅、恵比寿、山			9
	太田	八幡	山祇、稲荷			3
	山上	山上	山	秋葉、愛宕、行者		5
	坂尻	一言主、弁才天	愛宕、山			4
耳	木野	木野		愛宕	6	8
	和田	常、胸肩、金毘羅		神明	7	11
	河原市	市姫、秋葉、稲荷				3
	南市	明治、栄				2
	中寺	西宮			4	5
	佐柿	日吉、広嶺、愛宕	稲荷	秋葉、山		6
	麻生	八幡、秋葉、稲荷、塞	二十八所明神	奥清水、稲荷	1	8
	宮代	彌美		御嶽、天満、秋葉、愛宕、水		6
	安江	三島			1	2
	五十谷	八幡	山		2	4
	寄戸	太神宮	水、不動明王	金刀毘羅、山		5
	新庄	日吉、八幡、広嶺、山王、弁才天、松屋、山	雷、四社合祀社、右門社	稲荷		10

注：——印は鎮守

	佐野	八幡、愛、秋葉、天満				3
	野口	天満		上之山、下之山、秋葉、稲荷、愛宕、風天大権現	2	9
	上野	八幡	太、稲荷、愛宕		2	6
	興道寺	日枝、愛宕				2
南西郷	郷市	伊牟移	春日	秋葉		3
	金山	日吉、久保日吉、別所秋葉	三社合祀社		1	5
	大藪	広嶺、秋葉	山	稲荷		4
	気山	山、大山祇	秋葉、神明、金毘羅大権現山			5
	松原	日吉、熊野				2
	久々子	佐支、水、宗像	秋葉			4
北西郷	早瀬	日吉、恵比寿、六社権現				3
	笹田	風宮				1
	日向	稲荷、宇波西元社	蛭子、厳島、山	アナグラシ神	1	7
計		65	36	33	30	164

の人口一万二五六六人では、九〇人に一つぐらいの割合でムラのヤシロが存在する。

また、小祀や境内摂末社をのぞき、鳥居や参道などをもつ、いいかえると、特定の境内をもつ独立した神社だけを数えても六五あり、これもそれぞれ一七〇人、一九〇人に一つぐらいの割合である計算になる。

いずれにしても、高いヤシロ密度といえるのではないか。

③鎮守のヤシロ

さて、それら特定境内をもつ六五のムラのヤシロのうち、ムラの鎮守であるヤシロはおよそ半分の三三であるが、それらについて調べたものを表3にしめす。

これをみると、まず、その祭神がたいへん変化に富んでいることがわかる。キリスト教や回教のように唯一神ではなく、また、仏教のように釈迦や阿弥陀などの少数神でもなく、三三社でまつる神の総数は、じつに二一神にもおよぶ。

そのうち、最多は応神天皇の五、ついで大山咋《オオヤマクイ》命と国常立《クニノトコタチ》命の四、菅原道真、大山積《オオヤマツミ》命、大己貴《オオナムチ》尊、素戔嗚《スサノオ》尊が各二、あとはすべて一つずつである。

その一つずつあるもののなかには、市杵島姫《イチキシマヒメ》命や神功皇后などがあり、さらに室毘古《ムロビコ》王のように当地でよく知られたものもあるが、また、高那彌《タカナミ》大神や麻気《マキ》大明神などのように、素姓のよくわからない神々もある。これらは「歴史神」にたいする「民俗神」といってもいい。

さらに、相殿神や境内にまつられている摂社・末社の神々となると、ますますその数は増える。

また注目すべきことに、各神社の創建年代の古さがある。創建年代が古いために、創建にかかわる事情の不詳のものが多い。そのなかで具体的に創建年代が提示されているものをみると、奈良時代のものが四社もある。なかに景行天皇六年というものまである。

表3　美浜町の鎮守

ム　ラ	神　　社	祭神	合祀神・境内社	旧社格等	創立年代	境内等面積（坪）	氏子数（戸）
丹　生	丹　　生	別雷命	21神18社	式内・無格	不詳	559	
竹　波	高 那 彌	高那彌大神	2神2社	式内・村社	不詳	700	50
菅　浜	須 可 麻	麻気大明神・世永	6神6社	式内・無格	不詳	409	
北　田	織　　田	国常立命	3神3社	式内・村社	景行天皇6年	600	50
佐　田	織　　田	国常立命	7神4社	式内・郷社	景行天皇6年	4668	300
太　田	八　　幡	応神天皇	3社	無格	不詳		69
山　上	山　　上	菅原道真	4神4社	無格	不詳	250	82
坂　尻	一 言 主	味鉏高日子根神	7神7社	無格	不詳	576	
木　野	木　　野	天日方奇日方命	3神3社	式内・社村	不詳	1038	21
和　田	常	神功皇后	3神3社	無格	不詳	147	
河原市	市　　姫	市杵島姫命	3神3社	無格	不詳	311	
南　市	明　　治	明治天皇		無格	明治11年	217	290
中　寺	西　　宮	蛭子神	3神3社	無格	不詳	172	
佐　柿	日　　吉	大山咋命	4神4社	無格	正保2年	717	80
麻　生	八　　幡	応神天皇	5神4社	村社	不詳	224	65
宮　代	彌　　美	室毘古王	11神2社	式内・県社	大宝2年	1560	1019
安　江	三　　島	大山積命		無格	不詳	277	20
五十谷	八　　幡	応神天皇	1神1社	無格	不詳	122	6
寄　戸	不動明王	不動明王	3神3社	無格	不詳		
新　庄	日　　吉	大山咋命	6神6社	無格	嘉祥元年	653	210
佐　野	八　　幡	応神天皇	3神3社	無格	不詳		26
野　口	天　　満	菅原道真		無格		184	34
上　野	八　　幡	応神天皇	3神3社	無格	寛政元年	322	25
興道寺	日　　枝	大山咋命		無格	不詳	1384	96
郷　市	伊 牟 移	国常立命	11神9社	村社	不詳	1363	90
金　山	日　　吉	国常立尊・大己貴尊	7神7社	無格		300	105
大　藪	広　　嶺	素戔嗚尊	6神6社	無格	延暦年間	666	
気　山	山	大山積命	4神4社	無格	不詳		35
松　原	日　　吉	大己貴尊	5神5社	無格	貞治元年	667	
久々子	佐　　支	素戔嗚尊	11神8社	式内・村社	不詳	361	137
早　瀬	日　　吉	大山咋命	17神3社	村社	天平神護2年	311	251
笹　田	風　　宮	宇国童子		無格	不詳		18
日　向	稲　　荷	倉稲魂命	7神7社	無格	天平宝字8年	339	

このようにヤシロの創建年代の古さから、美浜町における各ムラの成立の古さが推測されるのである。

④鎮守のヤシロの立地

美浜町内におけるムラと鎮守のヤシロとの空間的関係、いわば各ヤシロの立地の状況をみると、そこにはいろいろな共通性がある（表4）。その共通性には、沖縄の御嶽《うたき》との類似点が多々あるので、ウタキと比較しながらみていくことにする。以下、立地する場所の型を順にみていく。

ⓐ岬　なぜ岬に鎮守があるか、というと「神は海から寄りくる」という信仰や伝承が少なくないからだ。沖縄でも、神は多く海上から寄りくる。

そのばあい、神が第一歩を印すのは、海上の岩などのいわゆる「立神《たちがん》」であり、ついでそれにつづく岬である。美浜町でそういうケースとかんがえられるものに、北田織田社と日向稲荷社がある。鎮守ではないが、和田の弁天などのヤシロも、その典型的なものだろう。

また岬にある沖縄のウタキは、しばしば漁撈や航海のための海上からの目標となっているが、これらのヤシロもそういう可能性がある。

さらに沖縄のそれは「お通し」などとよばれて、本ウタキとの中継点的役割をもつが、北田織田社や日向稲荷社なども、始めはそういう役割をもっていたものが、のち集落の鎮守となったのではないか、とおもわれる。

ⓑ神山　ヤシロが、山、すなわち「神山」とみられるところに立地するばあいがある。奄美では、オ

表4　美浜町の鎮守の立地と参拝の型

ムラ	鎮守	立地		参拝の方向	
		型	字	古墳・遺跡	自然地形
丹生	丹生	奥城	北宮脇	(丹生遺跡〈奈良・平安〉)	蠑螺ヶ岳か、前山か
竹波	高那彌	裏山	古堂	(竹波遺跡〈古墳・平安〉)	西方ヶ岳か、前山か
菅浜	須可麻	裏山	宮山	須可麻東古墳〈古墳〉	三内山の前山
北田	織田	岬	宮ノ森	北田神社古墳〈古墳〉(佐田遺跡〈奈良・平安〉)	関山か
佐田	織田	奥域	織田所	毛の鼻遺跡〈?〉(南造遺跡〈古墳〉)	旗護山
太田	八幡	集落内	下中筋		城山
山上	山上	集落周辺	山ノ神		小山か
坂尻	一言主	裏山	村内		天王山
木野	木野	奥城	宮ノ上	(木野神社古墳〈古墳〉)(穴田遺跡〈平安・中世〉)	天王山か
和田	常	裏山	森中	木野古墳群〈古墳〉	天王山の前山か
河原市	市姫	森	辻		耳川
南市	明治	集落内	稲田		
中寺	西宮	集落周辺	宮ノ下	(麻生流田遺跡〈古墳〉)	耳川
佐柿	日吉	裏山	宮ノ股	(町田遺跡〈中世〉)	御嶽山
麻生	八幡	裏山	中筋	(七反田遺跡〈古墳・中世〉)	御嶽山
宮代	彌美	奥城	森下	(宮代遺跡〈古墳・中世〉)	御嶽山
安江	三島	裏山	森元		御嶽山
五十谷	八幡	裏山	向山		

寄戸	太神社	裏山	宮ノ元	(寄戸遺跡〈弥生〉)	野坂岳か
新庄	日吉	裏山	天王杉		野坂岳か
佐野	八幡	森	殿ノ下	高善庵遺跡〈古墳・平安〉(殿ノ下遺跡〈古墳〉)	矢筈山の前山
野口	天満	集落周辺	菴ノ下		
上野	八幡	裏山	久掛田	(上野遺跡〈古墳・近世〉)	矢筈山
興道寺	日枝	裏山	小山	興道寺窯跡〈古墳〉(高達古墳〈古墳〉)	矢筈山の前山か
郷市	伊牟移	森	松本	(興道寺古墳群〈古墳〉)	耳川か
金山	日吉	裏山	坊の谷	竜沢寺遺跡〈古墳〉(坊の谷遺跡〈?〉)	久々子湖
大藪	広嶺	裏山	上宮ノ脇 下宮ノ脇		矢筈山
気山	山	裏山	切追上		
久々子	佐支	裏山	的場	寺山古墳〈古墳〉	寺山
松原	日吉	集落周辺	東宅地		海
早瀬	日吉	裏山	宮ノ谷		嶽山
笹田	風宮	家屋内	宮脇		
日向	稲荷	岬	中町場		海か

注：「参拝の方向」欄の「古墳・遺跡」の( )内は、周辺にある古墳・遺跡をしめす。

ボツ山などといって、神の常在するウタキがある。

美浜町でも、天王山には広嶺神社が、御嶽《おたけ》山には彌美《みみ》神社の奥宮などがある。矢筈山や金向《かなこ》山などにも、どうようの可能性がかんがえられる。ただ、これらはいずれも山宮であって、坂尻一言主《ひとことぬし》社、木野社、宮代彌美社などがその里宮にあたる。なお、山宮のある山は、みな海上からの目標となるアテヤマである。

沖縄では、これらの山宮がムラの鎮守となるケースはあまりなく、ムラの鎮守はだいたい里宮であるが、美浜町でもどうようだ。

山に立地するものは、鎮守のヤシロのほかに愛宕《あたご》神社や秋葉神社、山神社などがある。

ⓒ奥城《おくつき》　オクツキとは、外部からさえぎられた奥深い谷間などで、だいたい墓所である。神道では、神霊をまつっているところをさす。

沖縄でも、しばしば本ウタキがそれにあてられるが、そこから人骨の出土することが多く、かつては墓所であった可能性が高い。たいてい山麓に位置するが、ムラとは連続せず、逆にしばしばムラとははなれていて、かくべつムラのほうを向くでもなく、またムラの鎮守といった風情もあまりない。

これらはもともと、両墓制における埋め墓であったり、広域の信仰神としてムラとは別個にまつられたヤシロであったりするからだろう。

美浜町では、このあたりを代表する名社である佐田織田社と宮代彌美社の二社がそういう趣きをもっている。また木野社も式内村社で『若狭国神階記』には正五位大明神とされる名社であるが、オクツキの風情をもっており、オクツキに分類できそうだ。もっとも、現在の拝殿は昔の本殿跡で、かつての拝殿はずっと手前にあったそうだが、交通の進展がより奥に進ませたものであろう。

なお丹生社もムラから離れてオクツキ的雰囲気をもっているが、これは、昔の集落の鎮守を衣替えしたものとみられる。

ⓓ森　沖縄でウタキづくりを歌った民謡に、「あの森の森の側《なへし》　島立ちも宜《よた》しやげさ（山原《やんばる》の御嶽）」というのがある。山に恵まれないところでは、鎮守はしばしば平地の森に立地する。

ここ美浜町でも、平地にある郷市伊牟移《ごいちいむい》社がそれにあたる。河原市市姫社や佐野八幡社も、もとは森や林があった、とおもわれるから、これに分類してもいいだろう。

ⓔ裏山　沖縄や奄美のウタキでも、もっとも多いタイプがこれである。オボツ山などの神山を見通せる枝山の先端などに立地し、ムラに近接している。さきの沖縄の民謡の続きにも「この嶽《たけ》の嶽の側　国立ちも宜しやげさ」というのがあるが、これはタケ、すなわち山のそばに、クニタチ、すなわちムラをたてよう、というものである。

このような森と山との関係が、本土のムラの風水的立地性向といえる。すなわち、山麓のムラは、ほとんど背後にヤシロを背負っている。なかに扇状地の扇頭などに立地するヤシロはムラの水利を支配している。また、この裏山タイプは、その山が神山で、そこに山宮をもち、山麓の鎮守はその里宮にあたるケースが多い。

美浜町でも、このタイプが全体の鎮守の半数以上を占める。ムラのすぐ裏山にあって、ムラからよく見え、またヤシロからもムラを見守ることができるのである。まさにムラの鎮守の名にふさわしい。

ⓕ集落周辺　これは、中寺西宮社、野口天満社などのように、河川のすぐそばに立地するムラなどに多い。周りには山が見あたらないので、ムラの周辺の田んぼのなかなどに鎮守が立地する。

また山に恵まれない海岸ぞいのムラにもこの型がみられる。松原日吉社である。

いっぱんに山麓のムラは古いが、河川ぞいのムラは川筋が定まってから開発されたケースが多く、比較的新しい。また、集落周辺の鎮守も、かつては田んぼのなかの田宮だったものが、のちに集落ができて鎮守となった可能性がかんがえられる。

さらに、周りに山があっても山によらず、集落周辺に立地しているケースに山上社がある。その祭神が菅原道真というのはかんがえさせられる。他の都市においても、道真を祭る天満神社はたいてい山によらず、平地や市街地に立地している。比較的新しい神であること、道真にたいして人々が希うものは、水、稲魂、国づくりなど生産上の利益ではなく、学問など知的なものであること、さらに御霊とむすびつく雷神信仰が木や山を避けさせたことなどがかんがえられる。

なお、集落周辺にあって森をともなうもの、あるいはかつて森をともなったものは森の項に分類した。

ⓖ集落内　たとえば、太田八幡社はもとは集落の周辺に位置していた、とおもわれるが、いまでは集落にとりこまれている。太田は、その昔、山本、中筋、門前の小集落が合併してできたムラといわれるから、合併時に、それら小集落間の便利のいい位置に新設された可能性が高い。

まったく集落内にあるものに南市明治社があるが、これは明治につくられた新しいものである。他に適地を求めることができなかったから、とかんがえられるが、集落内にヤシロがもうけられるのはきわめて例外的であり、古くからあるヤシロで集落内に位置しているケースはきわめて稀ではないか。なお、個人の屋敷内に位置するものに、笹田の風宮社がある。集落の草分の家の屋敷神が集落の神になる、ということは、よくみられるケースである。

⑤鎮守のヤシロと字名

つぎに、鎮守のヤシロの立地する土地の字名についてかんがえてみたい。

その第一は「宮」である。

表4をみてもわかるように、ミヤという名のつく字は、ヤシロの周辺にあるものをもふくめて、丹生社の「北宮脇」、菅浜須可麻社の「宮山」、北田織田社の「宮ノ森」、木野社の「宮ノ上」、中寺西宮社の「宮ノ下」、佐柿日吉社の「宮ノ股」、安江三島社の「宮元」、寄戸太神社の「宮ノ元」、大藪広嶺社の「上宮ノ脇」「下宮ノ脇」、早瀬日吉社の「宮ノ谷」、笹田風宮社の「宮腰」のつごう一一社を数える。

ついで多いのは「森」である。これは北田織田社の「宮ノ森」、和田常社の「森中」、宮代彌美社の「森下」の三社である。

両方合計すると一四社である。ただし「宮ノ森」のようにミヤとモリの両方の名のあるものを二つと数えているので、これを一つとすると合計は一三社となる。全体三三社のなかの約四〇パーセントである。しかもこれらはいずれも由緒のある古いヤシロに多い。

また附近にミヤの名のつく字名があるものに和田常社の「宮下」、興道寺日枝社の「宮の前」、郷市伊牟移社の「宮ノ下」「宮ノ前」、久々子佐支社の「宮の下」がある。これらを含めると全体のほぼ半数になる。

ここで『延喜式』式内社を例にとると、合計七社のうち五社は、ミヤかモリの名のつく字に立地している。ただし、伴信友のいうように北田の織田社を式内社とするばあいである。すると、ミヤかモリの名のつかない式内社は、竹波高那彌社と久々子佐支《くぐしき》社の二社となる。しかし、共に現在立地しているヤシロは新しいことがわかっている。もし竹波高那彌社が馬背川ぞいの「元宮」をその跡とし、また久々子佐支社のすぐ下には字「宮下」があることを考慮すると、式内社はすべてミヤかモリの字に立地している可能性をもつことになる。なお、ミヤの名のつく丹生《にう》社は新しいものであるが、前にものべたように、丹生でなく田ノ口の鎮守とかんがえればこれも古いわけである。

そのほか、式内社以外でミヤやモリのつく字名に立地しているヤシロは、和田常社、中寺西宮社、佐柿日吉社、安江三島社、大藪広嶺社、早瀬日吉社などがあるが、いずれも由緒のあるものである。

ところで、ミヤとモリの違いはなんであろうか。和田常社では「森中」「宮下」と接近しているが、ミヤの奥にモリがあり、そのばあいヤシロは奥のモリのほうに鎮座している。安江三島社では「森元」の手前の「宮元」に位置している。またモリが単独にある宮代彌美社でも、そのオクツキ型という立地性向がしめすように、人里はなれた奥のほうにある。

事例が少ないので、これだけで結論を出すわけにゆかないが、ひとつの推論としては、ミヤを拝所とすると、モリは葬所ではなったか、とおもわれる。

なお、ミヤやモリの字名に立地しているが鎮守社でないヤシロもある。古いヤシロであった可能性がある。

⑥鎮守のヤシロの参拝の方向

つぎに、鎮守のヤシロの参拝する方向についてみよう。

それを地図上に一覧にしてしめしたものが図33である。

ヤシロというものは、創建いらい、何度も建替えられているから、現在の状況だけで判断するのは危険であるが、しかし、あるていどの傾向性は読み取れるのではないか、という前提にたってこれを見ると、地域におけるヤシロの参拝の方向にひとつの共通性が読みとれる。

たとえば、美浜町の東、つまり旧山東町の海岸ぞいのムラのヤシロでは、だいたい、内陸を向いて参拝するものが多いのにたいして、天王山を境として西側の海岸ぞいのムラである旧耳村の一部や旧西郷村のヤシロなどは海を向いている。

また耳川ぞいにある旧耳村の大部分のムラをみると、耳川右岸、つまり東側のムラのヤシロは東のほうを向いて参拝しているのに、耳川左岸、つまり西側のムラのヤシロは西を向いて参拝している。もちろん例外もあって、耳川ぞいでは、耳川の上流や下流のほうを向いて参拝しているヤシロもある。

図33　美浜町の鎮守のヤシロの参拝方向

また、宇波西川ぞいのムラでは、東を向いているヤシロも西を向いているヤシロも、川の上流を向いているヤシロもある。

しかし例外はあるにせよ、さきほどものべたように、多数のヤシロが一定の方向を向く傾向性はみとめられる。すると、いったいこれはなにを意味するのだろうか。

そこで、つぎに、それらの参拝の方向に何があるかをみてゆきたい。

⑦鎮守のヤシロと古墳

鎮守のヤシロをとりまく環境についてかんがえてみる。そのなかで、ヤシロからの参拝の対象となるようなものがあるかどうかである。

まずかんがえられるのは、近くの古墳や遺跡である。

そのうち古墳は古くからの葬所であるから、参拝の可能性は十分にある。じっさいヤシロのそばには古墳が非常に多く、しかもヤシロから参拝するような位置関係にあるものが少なくない。

たとえば丹生のばあいは、旧丹生社の跡とおもわれる小祠が、近くの「阿弥陀寺古墳」をまっすぐ向いている。菅浜須可麻《すかま》社の奥には「須可麻東古墳」があり、これに向かって参拝するように社殿は建てられている。どうように北田織田社の参拝の方向には、古墳時代の「北田神社古墳」がある。木野社の参道には、古墳時代の「木野神社古墳」があるが、そもそもはこの古墳が参拝対象ではなかったか、とさえおもわせるような森閑としたところに位置している。また久々子佐支社では、古墳時代の「寺山古墳」に向かって拝む。

そのほか、社殿を参拝する軸線上にはなくても、ヤシロの周辺や近辺には古墳や遺跡が数多い。

これらと鎮守のヤシロは、参拝以外にもなんらかの関係があったのではないか、とおもわれる。

⑧鎮守のヤシロと神社

つぎに参拝の方向に神社がある。鎮守のヤシロとなにか関係を匂わせるヤシロである。

圧倒的に多いのが、数あるヤシロのなかで愛宕神社と秋葉神社である。これらはふしぎに平地にはなく山の上にある。そしてたいてい、集落を見下ろすように建っている。佐田織田社にいたっては、境内に秋葉神社の遙拝所がもうけられている。

これは、ほんらいヤシロの社殿そのものが遙拝所だったのが、建替えにさいして、建物が遙拝の方向に向かなくなったときにかわりにもうけられたもの、と推測することもできる。

坂尻一言主社でも、どうように愛宕神社を拝む。その先の天王山頂には広嶺神社がある。木野社もどうようである。また佐柿日吉社、麻生八幡社、宮代彌美社、安江三島社などでは、みな御嶽山の方向を拝むが、そこには愛宕神社のほか御嶽神社がある。久々子佐支社も寺山に建っている秋葉神社を拝むが、しかしこれは最近新しく建立されたものだ。しかし新しいものでも、同じようなルールによって建てられるのには感心させられる。早瀬日吉社も、どうように秋葉神社を拝む。

変わったところでは、和田常社の参拝する方向の先に彌美神社があることである。

そのほか、いまあげたもの以外のムラにも愛宕神社や秋葉神社が多いが、それらの立地場所が確認できていないので、参拝の軸線上にあるかどうか不明である。

では、どうして愛宕神社や秋葉神社がこんなに多く山の上にまつられるのか。

まず、これらの神社が、ともに雷神《イカズチ》、火之迦具土神《ヒノカグツチ》など火の神を祭神とする火防の神であることによる、とかんがえられる。とどうじに、漁民の信仰が厚い、ということもあろう。

そのほか、さきにものべたように、愛宕が、京都ではオタギと訓ぜられるように、もともとその名は沖縄のウタキの転訛ではないか、とおもわれることである。

するとこれは、ほんらいは葬所である山や森などをしめす普通名詞ということになる。そして、それを拝するためにムラの近くに拝所としてのヤシロがつくられたのではないか。その拝所が里宮であり、これらの山のヤシロすなわち山宮は葬所ではないか、ということである。

しかし、これは目下のところはひとつの仮説にすぎない。

⑨鎮守のヤシロと自然地形

つぎに、鎮守のヤシロの環境のうちの自然地形についてがんがえる。

もちろん、まわりにはいろいろの自然地形があるが、とりわけ社殿の背後にある自然地形、つまり社殿を参拝するときにどうじに拝む対象となるような自然地形に何があるか、ということを問題にする。

日本文化の古型を多くのこしている沖縄や奄美では、里の近くのウタキは、いっぱんにそこから何かを拝む拝所であることが多い。それを「お通しウタキ」というが「お通しウタキ」から遙かに参拝するものは、出身地の旧村であったり、しばしば葬所となる「本ウタキ」であったり、神の常在するオボツ山であったり、海のかなたの母の国ともいうべきニライカライであったりする。

そこで本土における鎮守のヤシロにおいても、そういう拝所の可能性があるかどうか、ということを調べることが、この美浜町の調査の目的のひとつだったのである。

そうすると、美浜町のばあい、山を向いているものが二二、川を向いているとおもわれるものが四、海を向いているものが三、湖を向いているものが一、不明三であった（図33参照）。

その山を対象とするもののなかで、神山を参拝するとかんがえられるものは、三内山の前山を拝むとみられる菅浜須可麻社、どうように旗護山の佐田織田社、城山の太田八幡社、天王山の坂尻一言主社、御嶽山の佐柿日吉社、麻生八幡社、宮代彌美社、安江三島社、矢筈山の前山の佐野八幡社、矢筈山の上野八幡社、大藪広嶺社、寺山の久々子佐支社、嶽山の早瀬日吉社の一三社がある。

うち佐野八幡社の矢筈山の前山をのぞく他の山は、すべて海からのアテヤマの可能性をもつ。

また今後の調査によっては、特定の山を拝する可能性がある、とみられるものに、蠑螺《さざえ》が岳の前山とおもわれる丹生社、西方が岳の前山とおもわれる竹波高那彌社、関山の北田織田社、小山の山上社、天王山の木野社、天王山の前山の和田常社、野坂岳の寄戸不動明王宮、野坂岳の前山の新庄日吉社、矢筈山の前山の興道寺日枝社の九社がある。

いっぽう耳川を拝する、とみられるものに、河原市市姫社、中寺西宮社の二社があり、その可能性をもつものに、郷市伊牟移社、野口天満社がある。

海については、松原日吉社がいえる。日向稲荷社もその可能性をもつ。

変わったところでは、久々子湖を遙拝するか、とおもわれる金山日吉社がある。

⑩ヤシロ・ハカ・ヤマ

さて、以上のようにみてくると、興味ぶかいことは、ヤシロの参拝軸の先に、古墳と山のダブっているケースがいくつもみられることだ。

すなわち、現在の鎮守のヤシロではないが旧丹生社の参拝軸上にある阿弥陀寺古墳とカリテ山、どうように菅浜須可麻社の須可麻神社東古墳と小山、北田織田社の北田神社古墳と関山、佐田織田社の毛の鼻遺跡と旗護山、和田常社の木野古墳群と独立峯ではないので多少問題があるかもしれないが天王山の前山、久々子佐支社の寺山古墳と寺山である。

そして、これらの山が神山だ、とすると、鎮守のヤシロと古墳と神山とをむすぶ軸線が存在することになる。つまり、ヤシロの神殿の向きは、これらの存在を意識し、参拝する方向をかんがえて建てられている、ということになる。

神社の神殿の向きは一般に南面が多いが、それは律令体制時に天皇の皇祖神を中心とする神々の体系が確立されたとき、天皇の宮殿が南面したのにならって南面するようになったからだろう。

これにたいして、自然信仰に生きる古くからのヤシロは、自然の拝所という性格上、このように周囲の自然を遙拝するように建てられた、とかんがえられるのではないか。

これはすでに、小浜市の加茂神社と加茂南北古墳と三角山をむすぶ軸線のところで見てきたことである。

大飯《おおい》町の静志神社と、その背後にある古墳と円錐型の父子《ちいし》山もどうようである。

つまり、ヤシロや古墳や神山が、バラバラに存在するのではなく、ヤシロ・ハカ・ヤマ、いいかえると拝所・葬所・神山という関係が、意識的な参拝軸、いいかえると「遙拝軸」という形で存在している、ということだ。それが、田宮・里宮・山宮でもある。いいかえると町・鎮守の森・山でもあるのだ。

そういう事例を、美浜町というひとつの町で全数的に調べてみたら、以上のようにいくつものケースが見つかったのである。

最後に、ヤシロから古墳と山の二つのランドマークを合わせる合わせ方が漁師のヤマダテとよく似ている、ということをつけ加えておこう。

むすび——鎮守の森はなぜなくならないか

生国魂神社

わたしは大阪で生まれた。

子供のころ、大阪市内の上町台地界隈でよく遊んだ。

そのあたりで育った作家の織田作之助は、上町台地界隈を「木の都」と名づけたエッセイを書いた。当時大阪は「煙の都」といわれたが、織田にとって大阪は「木の都」だった。

それは、わたしにもよくわかる。

子供のときに遊んだ経験ばかりではない。現在に残る地名を見ても、上町台地界隈には、森の宮、桜の宮、茶臼山、勝山、夕陽ケ丘、桃谷、清水谷、真田山、細工谷、谷町などといった自然地名がいくつもあるからだ。それらは、昔の大阪の自然景観を彷彿とさせる。

そこに、生国魂神社の森がある。

上町台地の「イクタマの森」
（大阪市生国魂神社）

いまから一三五〇年前、仏教を信奉していた孝徳天皇が『日本書紀』のなかで、

仏法《ほとけのみのり》を尊び、神道《かみのみち》を軽《あなづ》りたまふ。生国魂《いくくにたまの》社《やしろ》の樹を斮《き》りたまふ類《たぐひ》、是なり。

と批判された森である。しかもこれは「孝徳紀」の冒頭に出てくる。これを書いた史官は、よほど腹に据えかねたのであろう。

しかし、木を切ったぐらいで、なぜそんなに「史官は腹に据えかねたのか」。

生国魂社といっても、まだそのころは森だけである。祭のときに臨時の社殿が建てられたかもしれないが、ふだんは木しかなかったろう。

それは「神の森」である。「神の森」の木を切ったから天皇は批判されたのだ。

では、いったい、生国魂社はなぜ「神の森」か。「神の森」とは何か。そして「神の森」は、日本でいつごろから登場したのだろうか。

神さま

まず「神」についてかんがえる。

本居宣長が、

鳥獣木草のたぐい、海水など、其余何《そのほか》にまれ、尋常《よのつね》ならずすぐれた徳ありて、何畏《かしこ》き物を迦徴《かみ》とは言ふなり。――『古事記伝』

といっているように、日本人の「神観念」は、一口にいって「大きな利益をもたらす偉大なものや怖しいものを神」とかんがえることができる。

では、その神々はどこにおられるのか、というと『出雲国風土記』に、

上頭《みね》に樹林《はやし》あり。此《こ》は即ち神の社《もり》なり。

とあるように神は「峯の林」いいかえると「山の森」である。

では、神はなぜ「山の森」か。

これについては、わたしは昨年一著(『呪術がつくった国日本』)を著わして論じたが、かいつまんでいうと、この国にやってきて平野を開拓して主人公となった弥生人が、旧来の民である縄文人の割拠する「山の森」を恐れたためであろう、とおもわれる。平野にある「稲作の民」の弥生人としては、山にある「森の民」の縄文人の領域は、訪れる必要のないところであるだけでなく、魑魅魍魎《ちみもうりょう》の棲むおよそ

未知の世界である。しかし、田に必要な水はみなその未知の世界からくる。どうじに水害などの災害もその未知の世界からやってくる。その未知の世界つまり「山の森」は、弥生人に「大きな利益をもたらす偉大なものであり、ときに怖しいもの」だったのだ。

つづいて歴史に登場してくる古墳人以下の人々も、コメづくりをするかぎりにおいては、同じ感懐をもったに違いない。

そういうところから、田で働く人々にとっては「山の森は神さまだった」とおもわれる「山の森」が「神の森」であるゆえんである。

ヤシロ

では、そのような「神の森」は、いつごろからわが国の文献に登場するようになったのか。じつは、こういう研究は、わたしの知るかぎりあまりないようだ。

そこで、ひとつかんがえてみよう。

まず、生国魂社の「社」という字を、なぜヤシロと読むのか。

『万葉集』(『日本古典文学大系』一九六〇年、岩波書店、以下同)に、

ちはやぶる神の社《やしろ》し無かりせば　春日の野辺に粟蒔《ま》かましを(四〇四)

という歌がある。このころ春日大社に社殿はなく、あったのは森のほかには、祭のときに建てられる社

殿のための敷地ぐらいである。その敷地、つまり「屋《や》の代《しろ》」をヤシロと呼び、その表記として神に生贄《いけにえ》を捧げる台である「示《しめす》」と土地をあらわす「土」との合字である「社」、つまり「土地の神」という字を当てた、とかんがえられる。

そのヤシロの状況は、

祝部《はふり》らが斎《いは》ふ社《やしろ》の黄葉《もみじば》も　標縄《しめなは》越えて散るといふものを（二三〇九）

という歌によくしめされている。つまり「モミジの葉が散ってシメナワを越えて入ってくる」というようにシメナワが張られているそのなかは「土地の神」あるいは「聖なる土地」とされたのである。

モリ

つぎに、森についてかんがえる。先の『出雲国風土記』では、なぜ「森」といわず「樹林《はやし》」といったのか。

調べてみると、漢字をつくった中国では、森という字は、古くは「山中の樹木が群がり立つさま」（『釈名』）をいったようであるが、今日ではたんに「木が多い」という意味しかない。

現代『中日辞典』を引いても、日本の「林」は中国でも「林」であり、日本の「森」は中国では、やはり「林」である。せいぜい「树《しゅうりん》林（「樹林」の簡略体）」と書かれているぐらいだ。大きな辞書には「森林」という字も出てくるが、それは「大きな林」を意味し、普段はあまり使われない字のようである。

これらから見ると「中国には森はない」といっていい。泰山の山麓で「配林の祭」に参加した後漢の応劭《おうしょう》も「いくらも樹木は生えていない」と報告している。

またその林を見ても、それは平地の樹林を指している。昔は山林もあり、民の共有地だったようだが、漢民族が居住した黄河流域では早くに君主たちが山を囲いこみ、農地にしてしまったという。つまり山林はなくなってしまったのである。ために今日、たとえ少々山林が残っていても、社会的にあまり重要な意味をもたなくなってしまったのだろう。

ところが日本では、弥生人がはいってきても山林は残ったのである。弥生人が山を怖れたからだ。そして「山の樹林」に神を見た。それを「盛り」と呼んだ。あるいは、朝鮮語の「山」の古語であるモリであったともいわれる。ところが、これに当てるべき漢字がない。そこでこのモリに「杜《と》」という字を当てた。

なぜ杜という字を当てたのか。杜は、本来、ヤマナシというバラ科の落葉高木のことである。また「塞《ふさ》ぐ」という意味もある。杜絶《とぜつ》の「杜」である。その字が「土地の神」を意味する「社」という字に似ていることと、落葉高木の一種であることと、さらに「塞ぐこと」が「神聖な空間を隔離する意味をもつこと」などから、この「神の樹林」をしめすモリに当てた、とかんがえられる。

では、なぜ「森」という字を当てなかったのか。たしかに『万葉集』にも、

朝なさなわが見る柳鶯《うぐいす》の　来居《きい》て鳴くべき森に早なれ（一八五〇）

という歌もある。ただしここには「神の森」という意味はない。

すると「林」もそうであるが「森」という字は林にくらべて木が一本多いだけで、神の存在を意味するような偏《へん》も旁《つくり》もなかったから採用されなかったのではないか、とおもわれるのである。

その杜《もり》の早い用例としては「天武紀」に、

馬を長柄杜《ながらのもり》に看《みそなは》す。

がある。

また『万葉集』にも、たとえば、

……山下《やまおろし》の風な吹きそとうち越えて　名に負へる杜《もり》に風祭せな（一七五一）

がある。ただしこれは、本によっては「社」と記されているが、その元となった『虫麿歌集』には「杜」とある。『万葉集』でも、当初「杜」と書かれたものが、転写を重ねるうちに「社」に変わっているケースが多いようである。

この例のように「杜」につづいて「社」という字も、ヤシロではなくモリと呼ぶケースが増えてきた。字が似ているから、ということと「示」という偏に神の意を見た、とおもったからであろう。

漢字を音読みでなく、日本語の意味に合わせた読み方、つまり訓読みするのは日本文化である。だから、先の『出雲国風土記』の一節もそうだが、文意からいうとこれは屋の代ではなく森であるから、ヤ

シロではなくモリと読まれたのである。また、

思はぬを思ふといはば真鳥《まとり》住む　卯名手《うなて》の社《もり》の神し知らさむ（三一〇〇）

でも、マトリすなわち鷲の住むところであるから、これもヤシロでなくモリでなければならない。

思はぬを思ふといはば大野なる　三笠の社《もり》の神し知らさぬ（五六一）

も、ヤシロではなくモリと読まないと歌のリズムが悪い。というようなことで「社」や「神社」という字までもが、実態的に森を意味するばあいには、ヤシロではなくモリと呼ばれるようになったとおもわれる。

しかし、これは奈良時代のことである。つぎの平安時代になると、社をモリと呼ぶケースはしだいになくなっていく。

神社に常設の社殿ができ、それが壮大なものになっていくにしたがって森は後退し、神社から森の意味がだんだん薄らいでいったのだろう。「社」はヤシロとしか読まれなくなり、常設の社殿を意味するようになり、モリは『枕草子』に「森は浮田の森……」などと書かれるように、森と表記されるようになっていったのである。

神の森

それはともかく、問題は、実態的にみて「神の森」は、いつごろから文献に登場するようになったの

か、である。

「社」の字が使われた古い例として、『古事記』の崇神《すじん》天皇の条に、
天《あめ》の八十毘羅訶《やそびらか》を作り、天神《あまつかみ》・地祇《くにつかみ》の社《やしろ》を定め奉りたまひき。

がある。つまり「平瓦を敷いてヤシロをつくった」というのである。ヤシロに平瓦が必要なことが注目されるが、それは措《お》いておいて「三輪山に大神《おおみわ》の神を祭った」という前後の記述をかんがえると、これは「神の森」の早い記述とみていいであろう。古墳時代のことである。

つぎに「神の森」の実際のケースをおもい浮かべてみよう。

たとえば、諏訪大社の御柱祭《おんばしらまつり》の起源は古い。いつのころかはわからないが、その習俗などをみると、弥生時代を越えて縄文時代にさかのぼる可能性がある。各地の縄文時代の遺跡に、巨大な柱痕が発見されるからである。

これら巨木を森のシンボルとすると「神の森」の起源は、何千年も昔にさかのぼる話になりかねない。日本文化、あるいは日本の物質文化のなかで、これほど古く、しかも今日もなお「鎮守の森」として生きつづけている、というものはちょっとほかに例がないのではないか、とおもわれるのである。

鎮守の森

では、その鎮守の森はいつごろから登場したのだろうか。

もともと、ある一定の土地や建物を「鎮安守護」する神さまを「鎮守の神」というふうは古くからあった。古代には、屋敷、寺院、集落、地方、国家などを守護する神々が「鎮守神」として活躍した。南北朝前後ごろから、全国各地で新田、新村開発が盛んにおこなわれるようになったとき、新しい村では、村のなかの特定の神さま、またはよそから勧請してきた有名な神さまを村の守護神として祭り、人々の結束の心張り棒とした。それらの神は、村の司法、立法、経済、社会、文化、はては治安から軍事まで、村人の結合の要となった、たんなる神さまではなく、村の祭政一致のシンボルとなったのである。

このように「村が祭祠集団である」というのは、古くからの日本文化の伝統といっていい。そういう背景から室町時代の京都近郊の農村では、これらの神さまを「鎮守」と称したようだ。近世にはその呼称が全国に広がり、氏神、産土《うぶすな》神などと同義語になって今日まで続いているようである。だが「鎮守の森」ということばが登場するようになったのは比較的新しい。明治三九年（一九〇六）の「神社合祀令」にたいして「神社合併反対意見」の論陣を張った南方熊楠は「神林」と述べている。「鎮守の森」は、鎮守の神がしだいに村の自治のシンボル性を失なって、かわりに残された森がふたたび見直されるようになって登場したものとおもわれる。たとえば鎮守の森は「崇厳なる霊場なると共に老幼男女の為に開放せられたる娯楽の殿堂である」（天野藤男『鎮守の森と盆踊』大正六年）といって盆踊りを楽しむ風などが全国にひろがっていくのである。

また、地域のランドマークとして島崎藤村の『夜明け前』にあるつぎのような描写も見逃せない（第二部上巻五・四）。

旅するものはそこにこんもりと茂った鎮守の杜《もり》と、涼しい樹蔭に荷をおろして往来《ゆきき》のものを待つ枇《び》杷葉湯売《わようとうり》なぞを見出す。

しかし、かつてのような自治的な村がなくなり、かわって近代的な町や都市が増えてきた今日では、鎮守の森のもつ意味も、したがってその数も違ってくる。

たとえば、江戸時代には、村は一八万余りあった。明治の中ごろには、一時、それが一九万余りにまで増えた。そして、それらの村々が、みなそれぞれの鎮守の森をもっていた。

ところが、度重なる市町村合併により、現在、全国の市町村の数は三〇〇〇余りになってしまった。一方、それに追い討ちをかけるように、神社合祀政策や都市化などが進み、鎮守の森は統廃合され、第二次大戦直後にはその数が一〇万六〇〇〇にまで減った、と報告されている。

しかし、村はなくなっても、たいてい、大字などの集落の森として生き残っている。「お上」が「取り壊せ」といっても、住民が住んでいるかぎり、いつかまた知らないうちに復活しているのである。

結局、いまでもかなりの鎮守の森が生き残っている。前章で見たように「美浜町では、ひとつもなくなっていない」というのがその実状なのである。恐るべき生命力である。

ただ、農村では残っても、都市では消滅しているケースが多いので、全国では、おそらく一四、五万ほどになっているのではないか、と推測される。

だから、ところによって違いがあるが、また東京や大阪のような大都市ではそうはいかないが、平均して「市町村の人口の千人に一つぐらいの割合で鎮守の森がある」とみてていいだろう。

このように、鎮守の森の歴史は古く、その数も多い。しかし、途中で何回か、改廃の危機があった。先の話のように、仏教が栄えた孝徳天皇のころがそうである。「文明開化」の明治のころは、とくにひどかった。政府の手によって、一九万余りあった鎮守の森が一〇万ほどにまで減らされた。また、個々の森の面積も大幅に削られ、森とは名ばかりになっているものが多い。そのうえ、現代の国土の乱開発の横行や「神なき時代」の風潮がいっそうそれに輪をかけ、鎮守の森を社会的にもはや用なきものにしようとしている。鎮守の森は、その歴史を閉じようとさえしている。

それでも、なお各地に、多くの鎮守の森が残っている、ということは、何度も述べるように、現代の奇蹟の一つといっていいのではないか。

では、鎮守の森はなぜなくならないのだろうか。

そこでつぎに、現代における鎮守の森のもつ意味をかんがえてみよう。

森の緑を見る

まず、わたしたちの廻りの「森を見ること」から始める。

里から森を見る（京都市藤森神社）

わたしたちは、常日頃、鎮守の森にかぎらず、一般に森といったものを見ることがあるだろうか。

昔の人が森をよく見ていた証拠に、日本全国に「〇〇の森」という地名がたくさんあった。ところが、いまそういう地名はほとんどなくなってしまった。

たとえば、日本の古い都である京都を例にとっても、昔「石田《いわた》の森」「神無の森」「雀ケ森」「塔の森」「椥《なぎ》の森」などといった地名と森がわたしが調べただけでも五〇以上もあったが、現在、一般に京都市民に森と認識されているものは「糺《ただす》の森」と「藤森《ふじのもり》」の二つぐらいしかない。あとは、森の実態はもちろん、名前さえも消えてしまった。

それでも、実態としての森がわずかながら残っている。京都の電車の窓などから注意してみると、打ち続く家並みのなかに、ときどきこんもりと盛り上がった森を見ることがあるからだ。コンクリートで固められた現代都市のなかに、ポッと光を放っているこういう町なかの森を見ると、ホッとするものである。

森は、たとえ小さくとも町のランドマークになっている。とどうじに緑の乏しい日本の都市のなかにあって、公園のほかに「もうひとつの都市の緑」を実感させてくれる環境資源となっているのである。

「都市の緑ということ」それが現代における鎮守の森の第一の意味であろう。

森の水を含む

だいたい、鎮守の森が立地するところは山麓である。

それは「山の水」がよく出るからだ。扇状地の扇頂や扇下も泉が噴出する。水分《みくまり》神社が立地するところは、たいていそういうところである。そのほか台地や微高地である。山の地下水脈とつながっているからだ。

これらの湧水地帯に森が発達する。ヤシロができる。

そのヤシロの手水舎《てみずや》で、わたしたちは口を漱《すす》ぎ、手を洗う。

そして森に入って、感謝をこめて手をあわせる。「山の水」が野や里や田や畑を潤し、川となり水道となってビルや工場を動かし、わたしたちの渇きを癒し、衣服を清め、身体に親しみ、そして海に出て魚を育て、そのほか多くの「わたしたちの生活の資源」となることにたいして。

それは、いまもむかしも変わりないこの国土における「自然と人間との姿」ではないか。

鎮守の森は、「山の水」といういわば日本人の生命といっていいような資源を手に触れ、口に含み、そして自然を実感できる場なのである。

「親水空間ということ」それが鎮守の森の第二の意味である。

森に神を求める——生きる

この緑と水の二つはとても大切なことである。しかしもうひとつ大切なものがある。それは神さまだ。現代日本社会に見られるさまざまな混乱は、今日、日本人が、物質社会の基軸になっている金銭というもの以上の価値あるものを見失っていることから起きているのではないか、とおもわれる。それは、いいかえると、神の問題といえないか。

神というと「古めかしい」とおもわれるだろう。だが「人間がこの世の最高存在か」と問われれば、誰しも首をかしげる。すると、神ということばはともかく「金銭に象徴されるような現在の物質社会を超えるもっと美しいもの、もっと永遠なるものを求める」といえば、誰しも納得するのではないか。

それは、常日ごろ神仏の儀式をおこなうようなことではない。実感的に神を感じられるかどうかである。いいかえると「与えられた生命を真剣に生きているかどうかだ」といっていい。

ニュートンもアインシュタインもすぐれた科学者であったが、どうじに熱心な神の信奉者でもあった。

また今日、最先端の科学であるヒトゲノムすなわち遺伝子暗合解読の研究者である村上和雄（筑波大名誉教授）は、ひとつの遺伝子のなかの三〇億個の塩基の配列を調べていて、この荘厳ともいうべき宇宙の真理を探求すればするほど、それは人間がつくったものではなく「大自然の偉大な目に見える働き……サムシング・グレートである」といっている。とすると、それはもはや「神」といっていいのではないか。そういう真理を探求すればするほど、いいかえると、真理をめざして与えられた生命を真剣に生きれば生きるほど人間は敬虔な気持ちになる。それが美しい生き方ではないか。

しかし敗戦以来半世紀、多くの日本人は実感的な意味において神を見失ってきた、といえる。マスコミの論調をみても、多くは金の動きと、あとは健康や長寿の問題に終始している。そういう日本人の総体は、外国人からみると「金満国日本」の醜い姿に見える。

これにたいして、むかしの日本人は、日々この世界に神を見た。それは、鎮守の森のなかに実感的に神を感じたことといっていい。とすると、いまそれをもう一度振り返ってみるのも、けっしておかしいことではないであろう。

森の光を見る――遙拝

たとえば、森のなかに入ってみよう。

はたして、森のなかに神さまがいらっしゃるのだろうか。いらっしゃるともおもわれるし、そうでないともおもわれる。たしかに、神さまは、ふだん森のなかにはいらっしゃらないのだ。

ところが、神殿を拝む方向にしばしば古墳があることを発見する。すると、そこに神さまがおられるのだろうか、とおもって「森から墓を拝む」。

前章までに、力点を置いて考察してきたところである。沖縄では、それがシステム的に残っている。

岬から山を拝む(福井・美浜町菅浜城ヶ崎)

島を拝む(沖縄・宮古島の大神島)

「お通しウタキ」が、その名のとおり遥拝所であり、遥拝される先に「本ウタキ」がある。そしてそこからしばしば人骨が発掘されるのである。

つぎに、その「墓から山を拝む」ということがある。若狭では、鎮守の森、古墳、神山が一直線になっている、というケースが数多く見られる。これも、多くの紙数を割いて述べたところである。

そして三番目に、その「山から海を拝む」。津軽の岩木山は、毎年、旧の八月一日から一五日まで「お山参詣」がおこなわれる。津軽最大の祭である。たくさんの人々が白装束に身を固め、夜を徹して登る。そして早朝、ご来光を拝する。さらに、津軽海峡から日本海にかけての海を遥拝する。壮大な宗教登山である。こういう宗教登山は全国各地にある。

さらにプロフェッショナルなものとしては、山頂や岩頭から海を拝んできた昔の修験者たちがあった。かれらは山頂や岩頭で「山の霧よ晴れよ、海の霧よ晴れよ」と祈った。嵐のときには、山頂や岩頭で火を焚いた。海の安全を確保するためだ。いまでも沖縄では、ノロと呼ばれる神女たちが、海で働く男たちの安全を祈ってしばしば岬でお籠りをする。

最後に「海から森を拝む」ということがある。たとえば葛飾北斎の「波裏の富士」は、漁師のヤマにたいする信仰を絵にしたものといっていいだろう。

沖縄の古歌のオモロには、そういう状況が生き生きと伝えられる。たとえば、

　ハンゴ豊森、キシオ玉水、拝んで舟を走らせよう
　キャラン獄を目当てに、拝んで舟を走らせよう――「オホリノオモリ」

などの舟歌がそれだ。ハンゴ豊森、キシオ玉水、そしてキャラン獄などはみなウタキ、すなわち森なのだ。

以上のように神さまを追って、いいかえると遙拝という行動様式を通して「里から森へ」「森から墓へ」「墓から山へ」「山から海へ」そしてふたたび「海から森へ」と還ってくる。これは神を求める「道《みち》行《ゆき》」といっていいものである。

そして日本の神さまは、じつはその道行のなかにあるのだ。古歌（荒木田守武）にもいうではないか。

　越し方もまた行く先も神路山　峰の松風峰の松風

海から山を拝む「波裏の富士」

神さまを求める道は果てることがない。どこまでいっても神さまは見つからない。そのうちふと「峰の松風が神さまではないか」とこの歌は暗示する。すると、神さまを求める道行そのものが「神さま」ということになる。

道が神さまなのである。何かを求めてただひたむきに修行することが、じつは神さまを実感することなのである。日本の諸芸に多く「道」という字が付せられるわけである。先の「サムシング・グレート」とも軌を一にするのである。

それは人間だけではない。神さまもまた道行をたどって動かれる。海から山へ、山から里へ、里から田んぼへというふうに。あるいはこの道行を逆にたどってお帰りになられる。

こういう人間の、あるいは神さまの道行を可能とするものは、森、墓、山、海がそれぞれしっかり存在していることだろう。そして、それらを結ぶ視線が邪魔されずに確保されることが必要である。かつてはそういう文化が日本に存在した。「遙拝文化」である。

そういう遙拝文化は、鎮守の森の中に「森の光を見ること」から始まった。いいかえると、鎮守の森は「遙拝所」という機能をもつ。それが鎮守の森の第三の意味なのである。

しかし、そういう点から見ると、今日の国土にはいろいろ問題がある。森は衰え、墓は埋もれ、山は削られ、海は汚れている。さらに、それらを結ぶ視線が、ビルや高架鉄道や高速道路などによってズタズタに引き裂かれている。すると、それを改善することが現代日本の大きな課題といっていいだろう。

森の空気を吸う――気

わたしは、現在、京都の近くに住んでいる。その京都の北のほうに府立植物園がある。広大な敷地で、梅林、椿林などがきれいにゾーニングされている。ほかに芝生、花壇、大温室、フランス式庭園、広場などがある。春になると桜の下で人々がさんざめいている。立派な「公園」だ。

しかし、かんがえてみると、これは自然ではない。

たとえば、雑木林というものをかんがえると、そういうところにも、さまざまの草や木などが生えている。勝手にいろいろな実もなっている。虫も鳥もいる。

しかし、ここはそういうことはない。ただ目的とする木と草花が植えられているだけだ。たしかにその種類は多い。しかし、第一雑草というものがない。あるのは芝草のようなものである。木の実もならない。だから虫もいる道理がない。虫もいないから鳥もこない。「植物園」とはよくいったものである。そういうところを自然といえるだろうか。

もちろん「植物園だから自然である必要はない。個々の植物の形や性質が分かればいい」というのならそれでもいいだろう。しかし、この府立植物園は、植物園であるとどうじに京都の代表的な「公園」になっている。公園のつもりで多くの人々は来ている。そこでこの植物園の例をとりあげたのだが、そのほかの京都の公園はもっとひどい。それらは完全に自然ではない。たいてい、その大部分を占めるものはスベリ台やブランコや野球場などだからだ。それらは運動場や遊園地に近い。

じっさい、わたしたちの身近にある公園のなかで、鳥やカエルの鳴き声を聴くことがあるだろうか。トンボやホタルが飛んでいたり、スズムシやコオロギの声に接したりすることがあるだろうか。まったくない、とはいわないが、非常に稀ではないか。そういう意味では日本の公園は、わたしたちが感ずる自然とはおもわれないのである。

ところが、この植物園を歩いていると、突然、鳥居にぶつかる。「府立植物園という公的施設のなかに鳥居がある」ということに、一種錯覚を覚える。

そこで、鳥居を潜ってなかに入る。すると、樹林があって、池があって、その奥に小さな社がある。半木《なからぎ》神社という。その神社の廻りをとりまく緑は森である。あるいは雑木林である。植物園のなかにありながら、ここにはいろいろな木が入り混じっている。広々とした植物園の雰囲気と違い、周りの木々が体に迫ってくる気配がある。さらに、地面には雑草が生え、シダ、コケ、地衣類などもある。そして、ここへくると、はじめて植物園のなかで鳥の声を聞くことができる。春にはカエルが、秋には虫が鳴くことだろう。

つまりここには、植物だけではなく動物もいるのだ。それが自然の姿である。だからここの空気は外の空気とは違っている。森の空気である。こういう森の空気を吸って、つまり自然に触れて、わたしたちは疲れたからだやこころを癒すことができる。

では、なぜ府立植物園のなかに神社があるのか。江戸時代に半木神社の周囲は田んぼだった。大正の始めに京都府が博覧会のために周囲の土地を買い上げたが、それが他へ移ったので植物園にした。ついでに「神社の森も植物だからいいだろう」ということでなかに包みこんだ、というのが真相のようだ。

その結果、いまでは植物園と鎮守の森、あるいは公園と鎮守の森とを比較する「格好の教材」となってしまった。つまり公園や植物園が自然ではなく、自然はなかにある鎮守の森だけだ、ということがわかるようになったのである。

鎮守の森の空気を吸うことは「気持ちのよいこと」である。それは「気」ということ、あるいは気を保つ「清所ということ」それが鎮守の森の第四の意味といっていい。

森の命を食べる――祭

日本では、集落のあるところにはかならず神社がある。そして神社のあるところには、たいてい森がある。

だいたい、鎮守の森は集落の裏山などにあって、集落を見下ろすように立地している。美浜町では、半数以上の鎮守の森が「村を見守っている」。そして集落の人々は鎮守の森を整備している。反対に鎮守の森を守っている。

すくなくとも、過去二〇〇〇年間、そうやってムラを存続させてきた。一方、美浜町では各集落の人口にあまり変化がない。また消えてなくなってしまった、という集落もない。それは、いわば鎮守の森のお蔭といっていい。つまり、神さまのお蔭なのだ。

なぜか。

たとえば、昔は何かあったら人々は鎮守の森に集まった。そして何日でも議論した。その結果を取り決めた文書を鎮守の森のヤシロに奉納した。鎮守の神はムラの団結と秩序の要であった。

祭は団体訓練である
(福井・三国町大湊神社の祭礼)

その神さまの霊験がはっきりするのは、ヤシロに神さまが現れるときである。つまり祭だ。

祭のためには、長い準備期間と膨大なエネルギーが必要である。何度も何度も会合を重ね、歌や踊りなどの練習をする。祭が近づくと潔斎をし、神輿《みこし》を組み立て、お供えをする品々を取り揃える。

その準備活動をみていると、祭はたんなる宗教行事ではない、とおもえてくる。それは、ムラの一種の社会教育である。そこで人々は挨拶し合い、健康をチェックし合い、新しい家族などを確認し合い、また仕事や趣味の情報を交換し、祭の仕事を分担し、さらに防犯訓練、防災訓練、はては軍事訓練までもおこなう意味合いをもってくる。祭の準備活動が、知らず知らずのあいだに人々を結束させるのである。だから阪神大震災でも、祭が盛んだった町内では被害が少なかった、といわれる。

さらに祭の当日になると、巫女《みこ》の舞、舞楽の演奏に始まり、さまざまな芸能が登場して鎮守の森の神に捧げられる。日本の民間文化が開花する場でもある。

そして、人々は、神さまといっしょに山海の珍味を味わう。森のワラビ、ゼンマイ、コノミ、キノコ、キジ、イノシシ、それに森の水で育った米、酒、海の貝、魚などである。それらを食べることはすなわち「森の命を食べること」である。

するとそれを取りおこなう場である「祭所ということ」それが鎮守の森の第五の意味合いなのである。

今日、こういう祭は大都会ではほとんど見られなくなったが、多くの町や村ではまだなくなっていない。だからこそ集落は生き残ってきた、といえるのである。

森の土に還る――ふたたび生きる

そして最後に、鎮守の森にはもうひとつ大切な意味があった。それは「葬所」ということだ。

古い時代、日本人は、亡くなったひとのなきがらを多く山に葬り、参る場所を家の近くにつくった。つまり、葬地と祭地とは異なった。したがって、墓も「埋め墓」と「詣り墓」の二つがあった。これを両墓制といった。埋め墓には何も立てず、一方、詣り墓には石塔などを立てた。これについては、亡骸と魂を分けるなどいろいろの説がある。

しかし、わたしが若狭その他で見たところでは、この二つは決して無関係ではない。

何度も述べるようにヤシロ、ハカ、ヤマはしばしば一直線につながる。ヤシロがテラのばあいもある。これをいいかえると、里、麓、山であり、遙拝地、埋葬地、神山である。南島では、お通しウタキ、本ウタキ、オボツヤマなどとなる。つまり、日本人の山岳信仰を基点に、それらは一つのものになっているのだ。それは昔からの日本人の信仰形態である。

京都の北に蓮台野《れんだいの》というところがある。昔、京都の葬地とされたところだ。定覚上人が蓮華化生《かしょう》した、つまり「蓮の花に生まれ変わった」というところからその名がある。その東には船岡山が控えている。

京の西のほうは化野《あだしの》だ。『徒然草』に、

あだし野の露消ゆる時なく、鳥部《とりべ》山の煙立ちさらでのみ、住み果つるならひ……。

と、書かれた平安京の名だたる墳墓の地である。「風葬の地」とされたところである。その南には小倉山が屹立している。

そして、東には鳥辺野《とりべの》があった。

鳥部山　谷に煙のもえたつは　はかなく見えし我と知らなむ——『拾遺集』

と歌われた京の代表的な葬地だ。いつも火葬の煙が上がっていた、という。鳥部山は阿弥陀ヶ峰のことである。鳥辺野の北に鎮座している。

これら三つの葬地近くに、多くの寺が建てられた。いまも化野に念仏寺がある。

したがって、山の麓に位置する鎮守の森には葬所という意味があった。もしくは鎮守の森の先の山が

「葬所」であった。それが、鎮守の森の第六の意味なのである。

こういう日本人の古来からの山岳信仰や死生観からすると、平地の墓地などに墓をつくる必要はない。平地の墓地は、江戸時代に故郷と縁が切れた都市民の閉塞観念にとりいった一種の商業主義から起きた、といっていいが、昔からの日本文化の観点に立てば、死者はみな山に葬るべきものであったろう。

現在、大都会に移り住んだ人々は墓を求めてウロウロしている。そこに、現代の商業主義がはいりこんで、大都会近くの山がつぎつぎと削り取られて霊園化している。一基の墓が何百万円もし、維持費が毎年、何万円もかかる。滞納すればすぐ権利を失う。自然を壊す一方、目に見える「無縁墓」を増産しているようなものだ。

一方、これに嫌気がさして、墓をもたない人々も増えてきている。海や空に散骨するのである。

こういう現状にあって、わたしは、もう一度、日本文化の原点に立ち返ってはどうか、とおもう。山を見直すのだ。ただし、山に墓を建てるのではなく、山を墓にする。山の一定区域を「葬所」あるいは「入らずの山」などとして社寺などが管理するようにする。そしてそこに遺体を埋葬する。あるいは散骨する。といっても、それは従来の神の居所とされた「入らずの森」ではない。それとはまったく別個に、新しくつくられる「葬所」なのである。

それを拝むのは、山麓の森や寺からだ。あるいは、新たに市町村がつくった遙拝所でもよい。「広場」でもよいのだ。ただし、そこから眺める山の視線は厳重に保護されなければならない。ロンドン郊外の丘などから聖ポール大聖堂や国会議事堂のビックベンを見る視線を壊さないよう市街地の高さ規制をしているように、新たな都市計画によってビルの高さなどの規制をおこなうのである。

そうしてひとびとは、都市のなかの森や広場に立って、朝な夕なに山々を遥拝する。「父や母や、祖父や祖母があの山にいる」とおもうと、日々、心強く生きることができるだろう。

命日などにはハイキングを兼ねて「入らずの山」を歩けば心身が爽快になる。ただし「入らずの山」には山道以外の施設をいっさい設けず、また山道以外の立入りは固く禁じられる。

すると、ひとびとは、生きているあいだから「自分はどの山に祭られようか」という関心をもち、あちこちの山歩きをするようになるだろう。自然に関心をもつようになり、山にゴミを投棄することもなくなるだろう。そして日本の国土を愛するようになるだろう。

つまり人間もまた植物や動物とおなじように山に還るのである。山の森の土になるのである。そこから、また新しい生命が誕生する。生まれ変わる。ふたたび生きる。

混乱しつつある現代日本の道徳や思想にたいして、そういう死生観を基底にした日本人の精神の再構築をはかるのである。

それは、自然を神とする精神である。

鎮守の森と「カッパの皿」

鎮守の森には、以上にのべたように多くの現代的な意味がある。

それを一口にいってしまうと、わたしは「日本人というカッパの皿のバロメーターではないか」とおもっている。

カッパの伝承は日本各地にある。その名も、東北地方ではメドチといい、能登半島ではミズシンといい、薩摩ではミッツドンという。いずれも古語のミズチからきている。ミズチは水の神である。カッパは「水の神」として、日本人が創造したものなのである。

その「水の神」のカッパは、生活用水にはじまって米の生産、魚の成育、各種工業生産、果ては先端の遺伝子研究にいたるまで水に多くを負っている日本という国の姿にたいへんよく似ている。

カッパを特徴づける最大の身体的器官は、その頭の上に乗っかっている皿である。その皿のなかには水がはいっている。そしてその水が枯れると、カッパは死ぬ。

一方、日本という国の特色もまた、国土の上に乗っかっているたくさんの山々にある。

その山々は、けっして役に立たない不毛の土地ではない。そこには、四季を通じて大量の水がある。そして、その山々からくる水がなくなれば、日本という国は滅んでしまうだろう。日本の水のほとんどは、根源的にこれら「山の水」に拠っているからだ。オアシスの井戸に依拠するアラブ人、川の水に依存するヨーロッパ人とは、根本的に異なった風土に生きているのである。

鎮守の森は、その「山の水」に触れる場である。とするとそれは「日本というカッパの皿のバロメーター」といっていいのではないか。

鎮守の森の水が汚れ、そして枯れていくときは、日本の山の水も汚れ、そして枯れていく前触れなのである。

展　望——鎮守の森を民俗資料に

わたしが鎮守の森の調査や研究をはじめてから、ほぼ四〇年の歳月がたつ。

その間、調査や研究のほかにも、講演、出版、設計、そして学会創設など、いろいろな活動をおこなってきたが、その制度的保存ということだけはなかなか軌道にのらないでいる。というのも、鎮守の森の保存にかんする制度化がたいへん困難だからだ。

その最大の隘路は、鎮守の森のもっている「宗教性」にある。憲法にうたわれている政教分離のたてまえ上、国や地方公共団体の行政上の保護がなかなかうけられないのだ。鎮守の森がどんなにすぐれた「緑の環境」であっても、国や地方の議会の賛同がなかなかえられないでいる。

かんがえてみると、今日、社会的存在としての宗教というものは、教祖、教義、教団という三つの重要な制度的契機をもっている。しかし、鎮守の森の信仰には、そのいずれもがない。

それは、山や海などの自然信仰を基礎とする日本人の素朴なカミ観念である。そういうカミ観念をもとに、村や町などの地域のひとびとの共同体運営における精神的支柱として発達してきたものである。

だから、ときにそれは「祭天の古俗」などとも呼ばれた。宗教というよりは民俗に近いのだ。

それが、第二次世界大戦中いわゆる「国家神道」にとりこまれてしまったために「戦後民主主義に反する」という烙印を押されて「有害な宗教」の範疇に追いやられてしまった。

そのような状況のもとにあって、全国の鎮守の森はすこしずつその木が切られ、土地が削りとられ、周囲がどんどん開発されて荒廃化がすすんでいる。とりわけ破壊の先頭に立っているのは、個人や企業よりも公共団体である。「公共」の名において「カミの祟り」を恐れずに「破壊」を進行させることができるからだ。さらに一方では、鎮守の森にたいする無理解から氏子組織の解体がすすんでいる。

そういう状況のなかで、それでも鎮守の森の保存を制度化したひとつの事例がある。

京都市と京都府が実施している「文化財環境保全地区」だ。その法的な根拠は、文化財保護法（昭和二五年制定）の第四五条の環境保全の条目にある。すなわち、

（文化財保護）委員会は、重要文化財保存のため必要があると認めるときには、地域を定めて一定の行為を制限し、若しくは禁止し、又は必要な施設をすることを命ずることができる

にしたがって、京都市と京都府は「文化財環境保全地区」を指定しているのである。

その結果、文化財環境保全地区においては、次の各号に規定するような行為をしようとする者は、教育委員会に届け出なければならないこととなった。

(1)建築物その他の工作物の新築、増築、改築

表１　京都市文化財環境保全地区（平成15年４月現在）

社寺名	面積（㎡）	所在地	告示年月日
志古淵神社	1,246	左京区久多中の町	昭 59. 6. 1
浄住寺	13,131	西京区山田開キ町 西京区山田桜谷町	昭 59. 6. 1
藤森神社	20,220	伏見区深草鳥居崎町 伏見区深草直違橋片町	昭 59. 6. 1
大将軍神社	2,229	北区西賀茂角社町	昭 60. 6. 1
倉掛神社	2,323	南区久世東土川町	昭 60. 6. 1
日向大神宮	72,821	山科区日ノ岡一切経谷町	昭 62. 5. 1
地蔵院	13,387	西京区山田北ノ町	昭 62. 5. 1
石座神社	3,114	左京区岩倉上蔵町	平 3. 4. 1
天穂日命神社	2,470	伏見区石田森西町	平 15. 4. 1

(2)宅地の造成、土地の開墾その他の土地の区画・形質の変更
(3)木竹の伐採
(4)土石類等の採取
(5)水面の埋立て又は干拓

しかし「建築物や工作物の新増改築、宅地の造成、木竹の伐採等をするときは届出の義務がある」というていどでは、保存の制度としてはきわめて緩やかなものである。ただ、社業などを対象として、公権力の介入という形で、その破壊等にたいして目を光らせる効果を発揮することは期待された。これは、府市ともに昭和五六年に「文化財保護条例」が制定されたときに制度化されたものである。

だが、この文化財環境保全地区という制度ができ、これによって地区指定されたところは、いずれもみな「鎮守の森」としての風格が備わってきている。神社だけでなく寺院もあるが、竹藪や雑木林なども含んで、自然の味わい深いものになってきている。

だが、問題のひとつは、その数である。

じっさいの地区指定の状況をみると、京都市においては、総数四〇五社の社叢のうち九件（表1）、京都府においては、一五六三の社叢のうち五一件、両方あわせて一九六八の社叢のうち六〇件でしかない（平成五年末現在）。つまり、対象とする社叢全体のわずか三パーセントほどが指定されたにすぎないのである。

もちろん、社叢のすべてが豊かな緑をもっているわけではない。しかし、それにしても、その数はあまりにも少ないといえる。

どうしてこんなに少ないのか、というと、この文化財環境保全地区の趣旨が、すでに文化財として指定された建造物等を守るのが本旨であり、社叢そのものを守るのが目的ではないからだ。

たとえば、京都市のばあい、文化財として指定・登録された神社建築物の総数は一七件で、これに、国指定の国宝・重要文化財の神社建築物を加えても三二件しかない。結局、その範囲からしか指定できないのであるから、三パーセントという数字の少なさもうなずける。

また、建造物が文化財に指定されていても、社叢がそれを取り囲んでいないと指定にはならない。ところが、多くの神社では、たとえば「入らずの森」というものはたいてい神殿の後にある。なぜなら、それ自身が「ご神体」だからだ。とすると、文化財建造物に付着していても取り囲んでいないから、この制度では拾えにくくなる。

ということは、このような制度によっても鎮守の森のごく一部の保全にしか役立たず、とうてい全国一〇万余の鎮守の森を守ることはできない。

ではどうするのか。結論的に述べると、文化財保護法にいう有形文化財、無形文化財、民俗資料、記念物の四つの文化財のうち三番目の「民俗資料」として指定する可能性をかんがえてはどうか、とおもうのである。

文化財保護法によれば、民俗資料は、

衣食住、生業、信仰、年中行事等に関する風俗慣習及びこれに用いられる衣服、器具、家屋その他の物件でわが国民の生活の推移の理解のため欠くことのできないもの

とされるが、鎮守の森は、水の分配や信仰、祭等に関する風俗慣習の展開される場だから、十分これに適合するとかんがえられるのである。

そこで、鎮守の森をたんに文化財を守る環境とするだけではなく、それ自体を文化財とする方向をひらいていくことが、先進的制度をもっている京都府市においても重要であろう。

鎮守の森を、たんに都市の緑ということだけでなく「ひとびとの生活や生産、信仰や芸能を含む文化複合である」という視点から、全国の地方公共団体に「鎮守の森の保存と拡充に取りくんでいただきたい」と願うしだいである。

【主要参考文献】

品川弥千江『岩木山』(一九六九年、東奥日報社)
谷川健一編『日本の神々』全一三巻(一九八四年、白水社)
「神明帳考證」「神社私考」「若狭旧事考」(『伴信友全集』巻一・二・五、一九七七年、ぺりかん社)
和歌森太郎『若狭の民俗』(一九六六年、吉川弘文館)
『福井県神社誌』(一九三六年、島津盛太郎)
『福井県神社明細帳・嶺南篇』(二〇〇一年、山本編集室)
『三方郡誌』復刻版(一九七二年、美浜町教育委員会)
『三方町史』(一九九〇年、三方町)
『若狭遠敷郡誌』復刻版(一九八五年、遠敷郡教育会)
『大飯町誌』(一九八九年、大飯町)
『名田庄村誌』(一九七一年、名田庄村)
『美浜町日向の生活と伝承』(一九九三年、武蔵大学人文学部日本民俗史演習)
上田正昭・上田篤編『鎮守の森は甦る』(二〇〇一年、思文閣出版)
上田正昭他編『身近な森の歩き方』(二〇〇三年、文英堂)

【初出一覧】

鎮守の森って何だろう……………………………………同名（『社叢学研究』創刊号、二〇〇三年三月、社叢学会）
鎮守の森を歩く（1～4・7～14）……………………同名（『中日新聞』二〇〇二年七月七日～一〇月二七日）
（5）…………………………………………………………「照葉樹林」（『雑家』一九九七年四月号、生活空間学研究同人）
（6）…………………………………………………………「二つの岬」（『雑家』一九九七年九月号、生活空間学研究同人）
山は水瓶　森は蛇口…………………………………………………………………………………………………書下ろし
火がつくった国土……………………………………「遙拝の構造4」（『京都精華大学紀要』第十七号、一九九九年一〇月）
鎮守の森から見た山々……………………………「遙拝の構造1」（『京都精華大学紀要』第十四号、一九九八年三月）
ある町の鎮守の森の記録……………………………「遙拝の構造2・3」（『京都精華大学紀要』第十五・十六号、一九九八年一〇月・九九年三月）
鎮守の森はなぜなくならないか……………………「遙拝の構造5」（『京都精華大学紀要』第十八号、二〇〇〇年三月）
鎮守の森を民俗資料に……………………………「鎮守の森を守る制度」（『環境と公害』一九九四年四月、岩波書店）

あとがき

わたしと鎮守の森のつきあいは古い。

いまから三九年前の昭和三九年（一九六四）一〇月、東海道新幹線が開通したとき、わたしはそれまで勤めていた建設省住宅局を辞して京都大学建築学科に勤務することになり、できたばかりの新幹線をたびたび利用した。そして、見るともなしに目新しい車窓風景を眺めていて、山野にポコポコとある緑を不思議におもった。しかし、そのいずれにも鳥居があるのを発見して「鎮守の森だ」と感心した。

昭和四二年に始めてアメリカにいったとき、メキシコの中世風の町タスコを見て、わたしの「都市計画観」は一変した。家々から町の中心にある教会を見る視線が見事に保全されていたのだ。それはまさに、ギリシア神話のなかの迷路のクノッソス宮殿を解き明かした「アリアドネの糸」ではないか。

以後、わたしの都市計画学の方向は、それまでの制度的な「マスタープランの構築」から、実際的な「アリアドネの糸の発見」へと変わった。

では「アリアドネの糸」とは何か。いろいろかんがえたあげく、おもいだしたのが鎮守の森である。そこで暇を見つけては西日本のあちこちの鎮守の森を見て歩いた。あるとき、小豆島の亀山八幡宮の緑のなかのお旅所を見て驚いた。それは、古代ギリシアの野外劇場ほどの大きさもある「自然石の桟敷群」で、日本的な祭の観覧風景が展開していたからだ。早速、その形を、当時わたしがかかわっていた「七〇年大阪万博」の会場計画のなかに「お祭り広場」として取りこんだ。鎮守の森とわたしの最初のつきあいだった。

昭和五三年に京都大学建築学科から大阪大学環境工学科に移ったとき、わたしは「環境問題のひとつとして鎮守の森をとりあげたい」とおもった。そこで造園学者の参加をえて「鎮守の森保存修景研究会」をつくり、滋賀県、大阪府、名古屋市などから委託をうけて「鎮守の森の調査」を開始した。その結果をまとめて『鎮守の森』（鹿島出版会、一九八四）として出版し、環境庁・環境調査センターの環境優良賞をうけた。その本の特色は、鎮守の森の価値を自然、文化、環境、社会の四つに分け、その解析と総合評価をおこなった点にある。

その調査のなかでわたしは「鎮守の森と都市計画とを結ぶ接点は参道にある」とおもった。そこで各地の鎮守の森の「参道調査」をおこなった。昭和五七年から雑誌『近代建築』に「参道の研究」として連載し、うち一二回分を『空間の演出力』（筑摩書房、一九八五）として出版した。本書の「むすび」に述べた「日本の神は道行にある」という問題意識は、この「参道調査」のなかで生まれた。なお、本書の「鎮守の森を歩く」の原稿の大部分はこのときの調査に拠っている。

各地の鎮守の森を歩いているうちに、わたしは鎮守の森が海と応答することに興味をもった。あの奈良盆地の三輪山でさえ、大阪湾の住吉の浜から見えるところがあるのだ。

わたしの問題意識は「参道」から「海辺」へと移行した。つづけておこなった「海辺調査」の結果を平成元年から四年まで雑誌『近代建築』に連載し、のち『海辺の聖地——日本人と信仰空間』（新潮社、一九九三）にまとめた。本書中の「伊豆」や「若狭」は、この問題意識を基礎においている。

「海辺調査」のなかで、わたしは日本の漁師の伝統的な「海上の位置確定法」であるヤマダテに大きな感動を覚えた。そこに神を遙拝する行動の原点があるではないか。

そこでわたしは「道行に遙拝という行動を重ねなければ神を実感する行動は完結しない」とおもい、京都精華大学建築分野に移ってからは、対象を若狭にしぼって一〇年ほど鎮守の森の「遙拝調査」をおこなった。その結果を平成一〇年以後五回にわたって同大学の紀要に掲載した。本書の大部分はこの紀要論文をリライトしたものである。

わたしの「鎮守の森研究」もようやく形をなしてきたところで、平成七年、わたしが創刊したミニコミ誌『雑家』に鎮守の森の都市版として「元気な都市」を連載した。翌年『日本の都市は海からつくられた——海辺聖標の考察』（一九九六年、中央公論社）として出版した。

本書の「むすび」の都市の「聖軸構想」はこの本のなかで育まれた。鎮守の森研究もようやくわたしの専門領域に入り、長年追い求めていた「アリアドネの糸」もしだいに姿を現わし始めた。

そこで、平成一〇年四月、わたしは、歴史学の上田正昭さんとご一緒に、歴史学、都市計画学のほかに、考古学、民俗学、地理学、動物学、建築学の研究者に呼びかけて「社叢学研究会」をつくり、サントリー文化財団の助成をえて「総合の学としての社叢学」の研究を開始した。問題は一挙に人文科学の領域にまで広がった。その結果を『鎮守の森は甦る――社叢学事始』（二〇〇一年、思文閣出版）として出版した。

その研究のなかで、植物生態学者の宮脇昭さんの「神奈川県の二八四〇の鎮守の森のうち生態系の維持されているものは四五しかない」という話を聞きショックをうけた。平成一四年、この研究グループを基礎に社叢学会が結成された。

社叢学会が発足すると、全国で社叢を調査するガイドブックが必要だと感じ、上田さんのほかに植物学の菅沼孝之さん、宗教学の薗田稔さんとご一緒に一昨年から『身近な森の歩き方――鎮守の森の探訪ガイド』（文英堂）を編集、今年出版した。この本の執筆に参加された研究者は総勢三三人に及び「社叢学もしだいにその形が見えてきた」と感じた。

その一方で、平成一〇年夏から一年間ロンドンに滞在したときの体験をもとに、わたしはイギリスと日本の文化を「呪術」という点から比較した『呪術がつくった国日本』（二〇〇二年、光文社）を書き、本書にも述べた「都市の聖軸構想」を展開した。

というように見てくると、本書はわたしのいままでの鎮守の森研究の総括といっていい。ただ、思文閣出版の長田岳士さんから突然の出版依頼があり、すでに既存原稿があったとはいえ取りまとめの期間がほとんどないまま出版の運びとなり、いささか拙速のそしりを免れないが、しかし、わたしの鎮守の森にたいする思いのたけを語ることができた。また多くの方々、とりわけ社叢学会員の皆さんから数々のご教示に預かった。ここに記して感謝のことばとしたい。

平成一五年五月一日

上田　篤

著者略歴

上田　篤（うえだ　あつし）

1930年大阪生．建設省技官．京都大学助教授．大阪大学教授．京都精華大学名誉教授．都市計画学専攻．『日本人とすまい』（岩波書店，'74，日本エッセイストクラブ賞）『流民の都市とすまい』（駸々堂，'85，毎日出版文化賞）『五重塔はなぜ倒れないか』（新潮社，'95）『呪術がつくった国日本』（光文社，'02）など

鎮守《ちんじゅ》の森《もり》の物語《ものがたり》──もうひとつの都市《とし》の緑《みどり》

2003（平成15）年6月1日　発行

定価：本体1,700円（税別）

著　者　上田　篤
発行者　田中周二
発行所　株式会社思文閣出版
〒606-8203　京都市左京区田中関田町2─7
電話　075─751─1781（代表）

印刷　同朋舎
製本　大日本製本紙工

ISBN4-7842-1155-1 C1021